W0172686

BusinessVillage

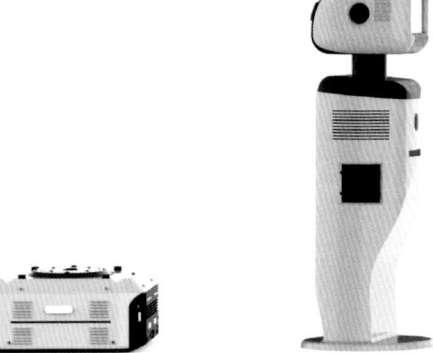

Dr. Jens-Uwe Meyer

Digitale Gewinner

Erfolgreich den digitalen Umbruch managen

BusinessVillage

Dr. Jens-Uwe Meyer
Digitale Gewinner
Erfolgreich den digitalen Umbruch managen
1. Auflage 2019
© BusinessVillage GmbH, Göttingen

Bestellnummern
ISBN 978-3-86980-450-7 (Druckausgabe)
ISBN 978-3-86980-451-4 (E-Book, PDF)

Direktbezug unter www.businessvillage.de/bl/1061

Bezugs- und Verlagsanschrift
BusinessVillage GmbH
Reinhäuser Landstraße 22
37083 Göttingen
Telefon: +49 (0)5 51 20 99–1 00
Fax: +49 (0)5 51 20 99–1 05
E–Mail: info@businessvillage.de
Web: www.businessvillage.de

Layout und Satz
Sabine Kempke

Coverabbildung
© PhonlamaiPhoto, www.istockphoto.de

Grafiken im Innenteil
Stefan Kilz

Bildnachweise und sonstige Illustrationen siehe Seite 268 f.

Druck und Bindung
General Nyomda Kft., Generaldruckerei Szeged

Inhalt

Einleitung

Können Sie das D-Wort noch hören? Digitalisierung. Aua. Das tut langsam weh. Seit knapp einem Jahrzehnt diskutiert die Wirtschaft intensiv über die Folgen der digitalen Disruption, die ich in meinem letzten Buch beschrieben habe. Wie verändern sich Geschäftsmodelle? Wie werden wir künftig arbeiten? Welche Tätigkeiten fallen weg und welche kommen hinzu? Kaum ein Kongress und kaum eine Firmenveranstaltung kommt aktuell ohne dieses Thema aus. Am liebsten würde man das D-Wort ignorieren. »Schluss damit, ich kann es nicht mehr hören!« Doch egal ob Sie es noch hören können oder nicht, Digitalisierung verändert Kunden und Märkte radikal und damit Ihr Unternehmen und Ihren Job.

Die Digitalisierung ist nicht abgeschlossen. Im Gegenteil: Die digitale Revolution hat noch nicht einmal richtig begonnen.

Digitalisierung: Und was haben Sie davon?

Ist dies nun ein weiteres Buch, das Sie aufrütteln soll und Ihnen sagt, wie wichtig Digitalisierung ist? Werden die üblichen Buzzwords wie Industrie 4.0, Blockchain und künstliche Intelligenz zusammengeworfen, sodass Sie am Schluss nichts mehr verstehen? Erkläre ich Ihnen, was im Silicon Valley alles besser läuft als bei Ihnen? Nein. Dieses Buch geht einen Schritt weiter: Sie erhalten eine detaillierte Anleitung darüber, wie Sie, Ihr Team, Ihre Organisation und Ihr Unternehmen zu Gewinnern der Digitalisierung werden. Wie Sie die Chancen nutzen und profitieren. Mehr noch: Sie erhalten eine kostenlose Software-Lizenz, mit der Sie ein digitales Innovationsmanagement aufbauen können.

Egal, ob Sie einen Handwerksbetrieb leiten, ein Team managen oder Ihren Verein fit für die digitale Zukunft machen wollen: Mit der cloudbasierten Software zum Buch können Sie Ideen für Ihre digitale Zukunft entwickeln, sie priorisieren und Ihre Digital Roadmap aufbauen. Sie können Kollegen und Kolleginnen einladen, gemeinsam an Ideen zu arbeiten. Und Sie können Ihre Innovationskraft messen. Ich möchte Sie zu digitalen Gewinnern machen.

Kostenlose digitale
Innovationsplattform
zum Buch

Die kostenlose Innovationssoftware zur Umsetzung dieses Buchs.

Ein kurzer Hinweis noch: Ich möchte mit diesem Buch nicht nur Leser, sondern auch Leserinnen ansprechen. An vielen Stellen spreche ich Sie deshalb beide an (»Kollegen und Kolleginnen«) oder verwende eine geschlechtsneutrale Ansprache. Bei einer Schreibweise wie »Leser*in« wird die Lesbarkeit bei Sätzen wie diesem enorm eingeschränkt: »Führen Sie Ideenwettbewerbe mit Kolleg*innen, Kund*innen oder Student*innen durch.« Manchmal lässt es sich nicht ganz vermeiden, dass die männliche Form die einzige ist. So sind mit digitalen Gewinnern natürlich auch digitale Gewinnerinnen gemeint.

Meine Quellen für dieses Buch

Seit Erscheinen meines letzten Buchs *Digitale Disruption* Ende 2016 habe ich auf mehr als einhundert Veranstaltungen Vorträge gehalten, mich mit Vorständen und Geschäftsführern über Zukunftsstrategien ausgetauscht und mit Vorständen erfolgreicher Unternehmen die neuesten Trends und Geschäftsmodelle im Silicon Valley erkundet. Ich habe mit Investoren, Start-up-Gründern und Zukunftsforschern intensive Gespräche geführt und gemeinsam mit der Messe München Zukunftsstudien in der ISPO OPEN IN-NOVATION Community mit mehr als fünfzigtausend digitalaffinen Konsumenten durchgeführt. Das sind die einen Quellen meines Wissens. Doch ich arbeite auch praktisch an der Digitalisierung.

Gemeinsam mit meinem Entwicklerteam habe ich mehrere tausend Stunden in die Entwicklung der Software investiert, die Sie mit diesem Buch erhalten. Und ich habe mindestens genauso lange in den Aufbau unseres Digitalmarketings investiert. Wenn Sie bei Google Begriffe wie »Innovation«, »Ideenmanagement« oder »Digitale Disruption« eingeben, finden Sie mein Unternehmen, die Innolytics GmbH, ganz oben. Im Buch *Inbound! Das Handbuch für modernes Marketing* werden wir als Musterbeispiel für gelungenes digitales Marketing genannt.

Diese beiden Seiten sorgen dafür, dass ich Trends und ihre Auswirkungen täglich miterlebe: Auf der einen Seite sind es Gespräche auf Veranstaltungen, mit Managern und Managerinnen von Unternehmen und mit unseren Kunden. Auf der anderen Seite die Arbeit mit unseren eigenen Lösungen: Die Umsetzung digitaler Strategien.

Was digitale Gewinner anders machen

Quer durch die Gesellschaft geht ein tiefer Riss. Einer, der sich in den letzten Jahren aufgetan hat. Er besteht nicht zwischen jung und alt. Nicht zwischen reich und arm. Und auch nicht zwischen Land- und Stadtbevölkerung. Es ist ein Riss zwischen digitalen Gewinnern und digital Abgehängten. Digitale Gewinner sind Menschen und Unternehmen, die die Chancen der Digitalisierung zu ihrem Vorteil nutzen. Die bei Begriffen wie »Digitale Disruption« keine Angst, sondern Aufbruch verspüren. Digital Abgehängte verharren in der analogen Welt. Dieser Riss wird sich in den kommenden Jahren drastisch vergrößern.

Am offensichtlichsten wird dieser Riss, wenn Sie bei Ihrem Steuerberater sitzen und erfahren, dass Sie alle Buchungen künftig mit Liveauswertung auf der App erhalten.

Beispiel Gerade freuen Sie sich darüber, dass Sie endlich den ganzen Papierkram los sind. Doch dann: Schluss mit lustig. Die zuständigen Prüfer beim Finanzamt akzeptieren Handwerkerrechnungen nur auf Papier und im Original. Die digital Abgehängten schlagen zurück. Dummerweise in Form der öffentlichen Verwaltung.

Smartphone- und Smartwatch-Nutzer auf der einen, Papierschieber auf der anderen Seite. Kunden, die ihr gesamtes Leben über das Smartphone organisieren auf der einen – Unternehmen und Behörden mit Aktenstapeln und schwer erreichbaren Callcentern auf der anderen Seite.

Studien belegen das Ausmaß des Risses

Verdeutlicht wird dieser Riss durch zwei Studien. Die erste haben wir gemeinsam mit der ISPO Munich, der führenden B2B-Messe für den Sport, durchgeführt. Gemeinsam mit der ISPO Munich betreiben wir ISPO OPEN INNOVATION, eine digitale Plattform, auf der mehr als fünfzigtausend Sportler gemeinsam mit Unternehmen Innovationen entwickeln. Die Nutzer der Plattform sind sogenannte Prosumer, also Konsumenten, die besonders digitalaffin sind und die ein hohes Interesse daran haben, Produkte und Services von Unternehmen mitzugestalten. Diese Prosumer sind in ihrem Lebensstil dort, wo die Masse der Konsumenten zwei bis drei Jahre später sein wird. Sechshundertfünfzig von ihnen haben wir zu ihren Bedürfnissen befragt.

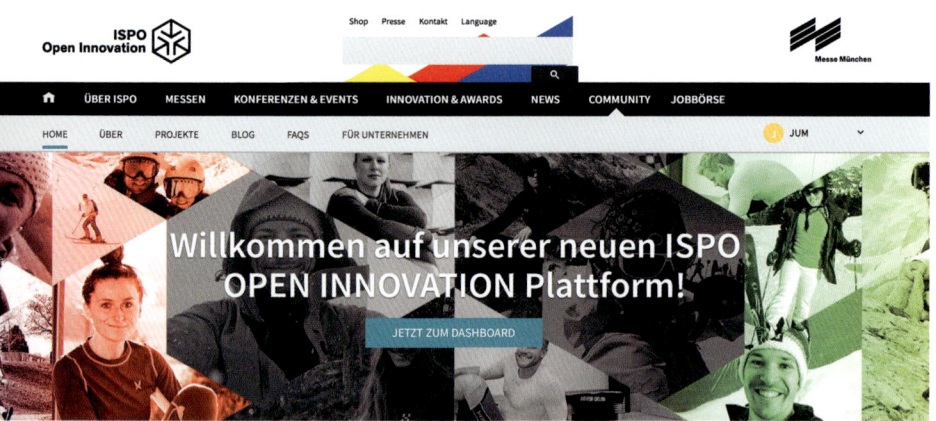

Das Ergebnis: Prosumer sind viel weiter als Unternehmen. Zwei Drittel von ihnen wünschen sich Sensoren, die ihre Körperfunktionen überwachen. Sie haben kein Problem damit, diese Daten an Cloud-Dienste und sogenannte digitale Ökosysteme weiterzugeben. Dass ein Fitnesscenter nicht mit der Gesundheits-App vernetzt ist – aus ihrer Sicht vollkommen unverständlich. Ein Fitnessgerät ohne digitale Schnittstelle? Wertlos. Wie selbstverständlich nutzt ein Teil der Befragten digitale Fitnesscoaches. Sie lassen sich lieber von einem Algorithmus als von einem echten Personal Coach beraten. Abstrakt klingende Begriffe wie das »Internet der Dinge«, das Sie in Kapitel 2 noch kennenlernen werden, sind für sie bereits Realität. Sie finden im Anhang einen Link zu dieser Studie, die Sie sich kostenlos herunterladen können.

> Viele Unternehmen werden in den kommenden Jahren abgehängt werden. Denn ihre Kunden entwickeln sich in digitaler Hinsicht viel schneller als sie.

Die zweite Studie zeigt die andere Welt: Es ist eine Studie der HWZ, Hochschule für Wirtschaft Zürich, die 87 Prozent der kleinen und mittleren Unternehmen als »digitale Dinosaurier« bezeichnet. Für die Studie wurden eintausenddreihundert Unternehmen untersucht. 54 Prozent haben keine digitale Strategie. Auf die Frage, ob sie in den kommenden zwei Jahren planen, eine solche einzuführen, antworteten 71 Prozent derer, die keine Strategie haben, mit »Nein«. Digitalisierung? Wozu?

Die Veränderungen werden schon nicht so radikal werden. Oder doch?

Es ist einfach, Marktstudien heranzuziehen, um auf Basis »methodisch korrekter« Ergebnisse zu sagen: »So schlimm wird das alles gar nicht, lass mich/uns mal abwarten«. Im Internet finden digitale Dinosaurier überall Beruhigungspillen. »Können Sie sich vorstellen, sich bei Amazon zu versichern?«, fragte das Institut Global Data Ende 2017 Kunden in Großbritannien. 18 Prozent antworten mit Ja. Wie beruhigend: 82 Prozent können sich das nicht vorstellen. In der Stadt Mayen in Rheinland-Pfalz wurden im gleichen Jahr vierhundert Kunden befragt, ob sie aufgrund der großen E-Commerce-Plattformen seltener in der Stadt einkaufen gehen. Etwa ein Drittel der Befragten gab an, seltener in die Stadt zu kommen. Nur ein Drittel? Beruhigend. Oder doch nicht?

Wenn Sie sich beruhigen lassen, sitzen Sie möglicherweise in der Hertie-Falle. 1997 ergab die ARD/ZDF-Onlinestudie, dass nur 6,5 Prozent der Erwachsenen in Deutschland Onlinedienste nutzen. Dazu kam, dass Frauen dem Medium Internet kaum Bedeutung schenkten. »Die Onlinewelt ist (noch) männlich«, hieß es in der Studie. Onlineshopping? Nur für 14 Prozent der Nutzer interessant. Eine Nische.

Fragen Sie bloß nicht Ihre Kunden!

Die Kundenbefragungen aus dem Jahr 1997 waren damals Balsam auf den Seelen gestresster Hertie-Kaufhausmanager, die damit endlich den Beleg hatten, dass der E-Commerce keine Zukunft hat. Der Ausgang der Geschichte ist bekannt. Solche Studien dürften eigentlich nur mit dem Etikett »Zu Risiken und Nebenwirkungen fragen Sie bitte Ihren Marktforscher oder Unternehmensberater« veröffentlicht werden. Denn was man beim Lesen solcher Studien häufig übersieht: Sobald Konsumenten die Vorteile digitaler Angebote für sich entdecken, nutzen sie sie. Und dann vergleichen sie: Wo bekomme ich den besseren Service? Wo ist es für mich bequemer?

Etablierte Unternehmen, die gerade noch vertrauensvolle Partner ihrer Kunden waren, laufen plötzlich Kundenbedürfnissen hinterher, die sie nicht mehr verstehen.

> In der digitalen Welt entstehen innerhalb weniger Monate Bedürfnisse, die es zuvor nicht gab.

So wirbt ottonova, eine digitale Krankenversicherung, offensiv damit, dass die Zeit des Wartens in überfüllten Wartezimmern beim Arzt vorbei ist. Was? Von einem Callcenter beraten lassen? Diagnosen über eine Hotline vornehmen lassen? Klassische Krankenversicherer befragen ihre Kunden. Und natürlich antworten diese mehrheitlich: »Wir vertrauen unserem Arzt.« Beruhigungspille für die digital Abgehängten. Zumal Ende 2018 die Meldung kommt: Das Unternehmen hat weniger als tausend Kunden.

FÜR VOLLVERSICHERUNG

Nie mehr mit Schnupfen zum Arzt schleppen

Ab jetzt erhältst du Diagnosen und Krankschreibungen direkt über die ottonova App - ohne extra Kosten. Und natürlich nur, wenn es medizinisch vertretbar ist.

So funktioniert's

Webpage des Krankenversicherers ottonova.

Vielleicht ist ottonova zu dem Zeitpunkt, als Sie dieses Buch lesen, sogar bereits Geschichte. Doch ist deshalb der Trend gekippt? Heißt das, dass sich Patienten doch lieber im überfüllten Wartezimmer aufhalten? In diesem Buch werden Sie erfahren, warum es neue Lösungen häufig schwer haben. Und das Alte trotzdem keinen Bestand haben wird.

Wie sich der Wandel beschleunigt

In der zitierten ARD/ZDF-Onlinestudie hieß es 1997 noch: 89 Prozent sehen keinen Verdrängungswettbewerb zwischen klassischen und Onlinemedien. Doch zwanzig Jahre später haben Netflix und Amazon so viele Marktanteile dazugewonnen, dass das klassische Fernsehen als Medium Zuschauer verliert. Dramatisch? Noch nicht. In der Bilanz des Medienwandels (2010 bis 2017) stellt das Fachportal MEEDIA fest:

»Insbesondere die 14- bis 29-Jährigen kehren dem traditionellen Fernsehen mit 105 statt 133 Minuten pro Tag zunehmend den Rücken.«

Sie sind TV-Manager? Sie beruhigen sich.

»Okay, das sind ja nur 28 Minuten weniger als vor zehn Jahren. Wenn das so weitergeht, sind wir 2030 irgendwo zwischen siebzig und achtzig Minuten.«

Theoretisch kann man so denken. Aber die Zahlen stammen zum Teil aus einer Zeit, bevor sich die Flatrate durchgesetzt hat. Der Mobilfunkstandard LTE wurde erst ab 2011 eingeführt. Und wirklich Musik hören und Videos streamen – ohne Beschränkungen des Datenvolumens –, das ist selbst in Internetzeiträumen gemessen noch recht neu. Anfang 2017 startete die Deutsche Telekom das »StreamOn«-Angebot. Ob das überhaupt in der Form zulässig ist, darüber wurde Anfang 2019 noch gerichtlich gestritten.

Beruhigungspillen? Es wird alles nicht so schlimm? Wenn Sie sich die MEEDIA-Studie genauer ansehen und zufällig im TV-Management tätig sind, kann Ihnen schlecht werden und Sie kommen zum Ergebnis: Job kündigen, alle Aktien verkaufen, Fernseher aus dem Fenster werfen. 2016 schauten die 14- bis 29-Jährigen noch 119 Minuten täglich, 2017 waren es noch 105. 14 Minuten Verlust in einem Jahr. Anders gesagt: Von 2010 bis 2017 verlor das Fernsehen bei jungen Zuschauern 28 Minuten an das Internet. Doch davon alleine die Hälfte von 2016 bis 2017.

> Der Wandel geschieht nicht linear und gleichmäßig: In bestimmten Branchen beschleunigt sich der Umbruch dramatisch.

Internetgrößen wie der YouTube-Star Julien Bam hingegen haben heute bereits Reichweiten, von denen klassische Fernsehmacher zum Teil nur träumen können: Mehrere Millionen Zuschauer je veröffentlichtem Videoclip. Die Julien Bams sind die digitalen Gewinner. Und obwohl ich es als ehemaliger ProSieben-Chefreporter nur ungern sage: Die klassischen Fernsehmacher sind die Verlierer.

Julien Bam - Everyday Saturday (Parodie)

26.670.281 Aufrufe

👍 1,1 MIO. 👎 88.076 ➤ TEILEN ≡+ SPEICHERN ...

Prognose: Die (digitale) Vorhersage

Auch wenn es schwer ist, Prognosen für die Zukunft abzugeben, eine kann ich sicher geben: Der Riss zwischen digitalen Gewinnern und digital Abgehängten wird sich vergrößern. Unternehmen, die reden, aber nicht handeln, werden in wenigen Jahren dramatische Marktanteile verlieren oder ganz vom Markt verschwunden sein. Arbeitnehmer, die im Alten verharren, während um sie herum die digitale Welt rasant an Geschwindigkeit zunimmt, werden die Verlierer sein. Wer sich weiterbildet und neugierig alle Methoden nutzt, wird gewinnen.

Auf welcher Seite wollen Sie stehen? Wollen Sie digitaler Gewinner oder digital Abgehängter sein? Wollen Sie im Bestehenden verharren und damit irgendwann zur »analogen Altlast« der Wirtschaft gehören? Oder wollen Sie mutig voranschreiten und die digitale Wirtschaft mitgestalten?

Die Diskussion um die Digitalisierung erreicht eine neue Phase

Auf den mehr als hundert Konferenzen und Tagungen, auf denen ich in den vergangenen Jahren als Keynote Speaker eingeladen war, hat sich der Fokus seit Anfang 2018 verändert. Es geht weniger darum, OB Digitalisierung wichtig ist, sondern WIE Unternehmen die Chancen ergreifen und profitieren können. Was muss sich ändern? Wie werden Unternehmen und ihre Manager zu digitalen Gewinnern? Vielleicht arbeiten Sie in einem dieser Berufe, die laut Medienberichten vom Aussterben bedroht sind. Vielleicht ist Ihr schärfster Konkurrent auf dem Arbeitsmarkt nicht ein anderer Mensch, sondern ein Algorithmus. Wie werden Sie zum digitalen Gewinner?

Was sind überhaupt digitale Gewinner? Wenn Sie zufällig der CEO von Salesforce, Apple, SAP oder Microsoft sind, ist die Frage relativ leicht zu beantworten. Was aber, wenn Sie ein Handwerksunternehmen mit zwanzig Angestellten leiten? Was ist, wenn Sie mit einer Rechtsanwaltskanzlei selbstständig sind? Oder nicht Microsoft, sondern eine Molkerei leiten? Klar, Sie können an den englischen Begriff Ihrer Branche das Wort »tech« anhängen, vorne »disruptive« und hinten »solutions« schreiben, und schon klingt es so, als wären Sie digitaler Gewinner.

Nicht anders haben es die Angreifer auf die Finanzbranche getan. Disruptive Fintech Solutions. Geht auch mit Versicherungen. Dann heißt es Disruptive Insuretech Solutions. Klingt unfassbar beeindruckend. Aber Disruptive Hairtech Solutions? Disruptive Crafttech Solutions? Oder Legaltech? Halt, Legaltech gibt es tatsächlich. Vielleicht kommen Hairtech und Crafttech auch noch irgendwann.

Also: Wenn Sie einen ganz normalen Job haben, wenn Sie ganz normale Produkte herstellen oder vertreiben, was macht Sie dann zum digitalen Gewinner? Dieses Buch verrät es Ihnen.

Ausreden Teil 1: »Deutschland ist ohnehin abgehängt«

Ich möchte – bevor ich auf Ihre persönliche Ebene zu sprechen komme – gerne einen Ausflug in die Welt der Ausreden machen. Die erste, die ich häufig höre: »Deutschland ist sowieso digital abgehängt.« Was dann so viel heißt wie »Dann muss ich auch nichts tun«. Tatsächlich setzen wir – gesamtwirtschaftlich betrachtet – das Thema Digitalisierung viel langsamer um als wir sollten.

Beispiel Die Studie Digitalisierungsindex Mittelstand 2018 kann man auf zwei Arten lesen: »35 Prozent der Unternehmen erzielen durch Digitalisierungsmaßnahmen eine Umsatzsteigerung.« Das kann man positiv werten. Oder sagen: 65 Prozent aller Unternehmen haben bis heute nicht herausgefunden, wie man mit Digitalisierung Geld verdient. PwC kommt in einer Studie zum Ergebnis, dass Deutschland der steuerlich unattraktivste Standort für Digital-Investitionen ist. Um es in Zahlen auszudrücken: Von 33 Plätzen ist Deutschland auf Platz 33.

Was fehlt? Eine Vision für das postindustrielle Zeitalter, in dem Maschinen nicht nur Güter, sondern Daten produzieren. Eine Vision für das Jahrzehnt der disruptiven Innovation, in dem das Internet der Dinge Realität wird. Und in dem Algorithmen nicht nur einfache Arbeiten übernehmen, sondern wie beim Projekt »Nextrembrandt« sogar kreative Tätigkeiten. Achtzehn Monate lang wurde eine künstliche Intelligenz mit den Arbeiten Rembrandts angelernt, anschließend wurde mithilfe der Algorithmen ein neues »Werk« des Meisters kreiert.

> Was dem »Geschäftsmodell Deutschland« fehlt: Eine klare Innovationsstrategie.

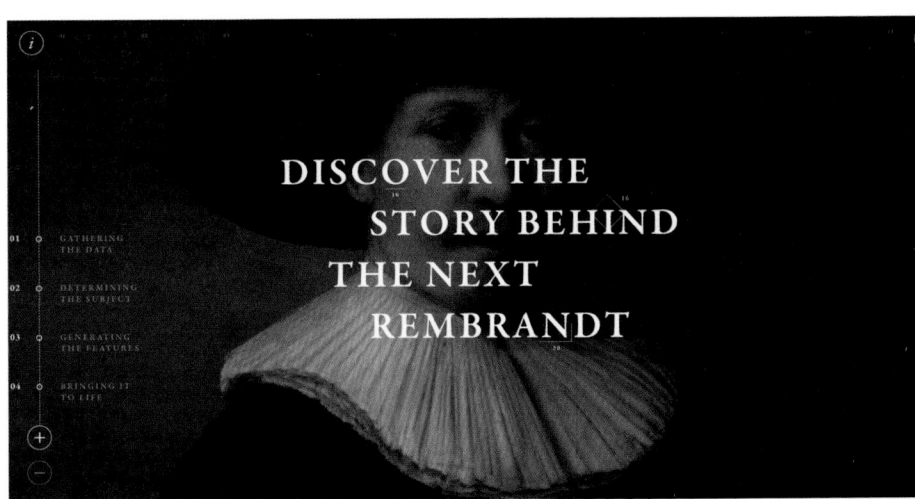

Künstliche Intelligenz kann bereits kreative Tätigkeiten ausführen.

Anfang Dezember 2018 haben drei südkoreanische Netzanbieter gemeinsam das 5G-Netz gestartet: Die nächste Generation des Mobilfunks. LG Uplus, einer der Anbieter, hatte zu diesem Zeitpunkt viertausendeinhundert Basisstationen in Betrieb. Korea Telecom versorgte Seoul und sechs andere Metropolregionen.

Und Deutschland? Anfang 2019 wurden die Frequenzen versteigert. Ab 2020 soll die kommerzielle Vermarktung losgehen. Vodafone und die Deutsche Telekom haben ihren Testbetrieb bereits 2018 gestartet. In Berlin standen im Herbst 2018 immerhin schon Antennen der Deutschen Telekom. Auch wenn der Vergleich wehtut: In Korea wurden Ende 2018 Städte durch 5G kommerziell versorgt, während bei uns noch nicht einmal die Versteigerungen stattgefunden hatten.

Warum sollte uns das wurmen? Weil 5G nicht einfach nur schnelles Internet ist. Sondern die zwingende Voraussetzung für die Anwendungsbereiche der Zukunft. Wenn Sie in der Presse über 5G lesen, wird meistens vom ultraschnellen mobilen Breitband geredet (Enhanced Mobile Broadband). Das ist schön, weil YouTube noch schneller flackert und Netflix endlich überall verfügbar ist. Viel wichtiger aber sind die beiden anderen Anwendungsbereiche, die das Informationszentrum Mobilfunk so beschreibt: »Die Kommunikation zwischen Maschinen und Anwendungen (Massive Machine Type Communications, M2M) sowie ein Hoch-Zuverlässigkeitsnetz mit kurzen Antwortzeiten (Ultra-Reliable and Low Latency Communications).« Sie werden in diesem Buch noch mehr über 5G erfahren.

Vodafone 5G Labs – Steuerung eines Krans aus großer Entfernung

Und nun das Problem: Auf diesen Standards beruhen praktisch alle Anwendungen, die in Zukunft unsere Wirtschaft beeinflussen. Autonomes Fahren, die Vernetzung von Waren und Gütern im Internet der Dinge, mobile Robotikanwendungen et cetera. Diese Anwendungen müssen entwickelt werden. Das geht gerade noch ohne 5G. Aber sie müssen auch getestet werden: Wie reagieren die Anwendungen in der Praxis? Wie wir bei den Diskussionen um das autonome Fahren gesehen haben, ist das nicht immer einfach. Dass die Google-Tochter Waymo mit ihren autonomen Fahrzeugen andere Verkehrsteilnehmer nervte, weil die selbstfahrenden Autos so defensiv fuhren, dass sie bei Problemen einfach stehenblieben, erfuhr man erst in der Praxis. Wer hat zuerst die Gelegenheit, neue Produkte und Anwendungen auf 5G-Basis in der Praxis zu testen? Südkorea. Wer nicht? Wir.

Doch das ist eher die volkswirtschaftliche Betrachtung. Ich habe sie der Vollständigkeit halber aufgeführt. Aus einem einfachen Grund: Sie werden – wenn Sie mit hoher Motivation und Pioniergeist voranpreschen – immer wieder das Gefühl haben, irgendetwas stimme mit Ihnen nicht. Sie sind selbstständig und machen Tempo, die anderen verschieben das Abstimmungsmeeting. Sie wollen Entscheidungen, stattdessen wird ein Arbeitskreis einberufen. Sie arbeiten im Konzern und möchten loslegen, doch die juristische Abteilung braucht zwei Monate, um die Rechtslage zu prüfen. Mit Ihnen ist alles in Ordnung. Das Problem ist Ihr Umfeld!

Ausreden Teil 2: Zehn Argumente gegen die Digitalisierung

Es gibt Tag für Tag tausend gute Gründe dafür, nicht zu starten. In meinen täglichen Gesprächen höre ich immer wieder Argumente dafür, warum aktuell noch nicht der richtige Zeitpunkt ist, mit Projekten zu starten. Hier ist meine individuelle Top Ten der Argumente gegen Digitalisierung.

Platz 10: »Unsere Branche ist noch nicht so stark betroffen.«

Korrekt. Nicht alle Branchen verändern sich mit dem gleichen Tempo. Das Ausmaß digitaler Disruption – also der radikalen Veränderung von Märkten durch digitale Technologien – betrifft Branchen zu unterschiedlichen Zeiten unterschiedlich stark. Langfristig jedoch werden Entwicklungen aus verschiedenen Märkten jede Branche verändern.

Platz 9: »Uns fehlt das notwendige Know-how.«

Ist das nicht immer der Fall, wenn Unternehmen Neuland betreten? Nehmen wir an, Sie expandieren in ein anderes europäisches Land. Kennen Sie es wirklich? Sprechen Sie die Sprache? Kennen Sie die kulturellen Verhältnisse und die Wirtschaftsnetzwerke? Natürlich fehlt Ihnen aktuell das Know-how, um die Trends der nächsten zehn Jahre umzusetzen. Bauen Sie es auf.

Platz 8: »Wieso? Es läuft doch.«

Der eigene Erfolg steht erfolgreicher Digitalisierung häufig im Weg. Die Auftragsbücher sind voll, die Belegschaft mit dem operativen Geschäft zu 120 Prozent ausgelastet. Jetzt noch die Digitalisierung vorantreiben? Unmöglich. Starten Sie mit digitaler Prozessinnovation: Digitalisieren Sie interne Prozesse und Abläufe, um noch effizienter zu werden. Gewinnen Sie Freiraum für Digitalisierungsprojekte, wie beispielsweise die Entwicklung digitaler Geschäftsmodelle.

Platz 7: »Das ist zu teuer, das können wir uns nicht leisten.«

Klar, wenn Sie bei der teuersten Unternehmensberatung anrufen und sich Ihre Apps von Topagenturen im Silicon Valley entwickeln lassen, können Sie zusehen, wie das Geld aus dem Unternehmen herausfließt. Doch gerade digitale Innovation zeichnet sich dadurch aus, dass Unternehmen Wege finden, sie preiswert zu realisieren. Beispielsweise durch die Einbindung moderner Cloud-Dienste oder durch die Nutzung von Open-Source-Software.

Platz 6: »Unsere Geschäftsführung versteht das nicht.«

Auf einem meiner Vorträge Anfang 2019 habe ich Kaspar Kraemer kennengelernt. Er leitet ein zwanzigköpfiges Architekturbüro in Köln.

Beispiel Sein Unternehmen ist führend in der Anwendung von Building Information Modeling (BIM), der Virtualisierung von Architektenplänen. Auf dem Immobiliensymposium Dresden gibt er freimütig zu: »Ich verstehe das nicht so richtig und zeichne lieber.« Doch Kraemer hat den Mut, seinen jungen Mitarbeitern und Mitarbeiterinnen das Feld zu überlassen. Freiraum.

Getreu dem Motto: Man muss nicht alles verstehen, man muss nur jemanden kennen, der es versteht.

Platz 5: »Unsere Kundschaft will das nicht.«

Korrekt. Ende der Neunzigerjahre wollte auch noch niemand das Internet: »6,5 Prozent der Deutschen ab vierzehn Jahren – vor allem Männer – nutzen Onlinedienste«, hieß es in der bereits zitierten ARD/ZDF-Onlinestudie 1997. Online einzukaufen und Banküberweisungen per Computer – das galt damals als hochriskant. Und trotzdem war Amazon damals bereits drei Jahre auf dem Markt. Erfolgreiche digitale Innovation beruht auf Kundenbedürfnissen, die Kunden heute noch nicht kennen.

Platz 4: »Das entwickelt sich so schnell, wir warten die nächste Technologiegeneration ab.«

Viel Spaß beim Warten. Das Tempo der Veränderung wird noch schneller werden. Während Sie auf die nächste Technologiegeneration warten, stehen die übernächste und die überübernächste bereits in den Startlöchern. Vom Grundsatz her ist die abwartende Haltung verständlich: Schließlich will niemand in veraltete Technologien investieren. Doch wie lange wollen Sie warten? Außerdem: Während Sie warten, können weder Sie noch Ihre Mitarbeiter und Mitarbeiterinnen Erfahrungen im Umgang mit diesen digitalen Technologien sammeln.

Platz 3: »Haben wir bereits versucht, hatte keinen Erfolg.«

Obwohl das Tempo der Veränderung zunimmt, brauchen einzelne Anwendungen häufig länger als erwartet. Das erscheint wie ein Widerspruch, ist jedoch keiner. Neue digitale Angebote sind am Anfang häufig nicht nutzerfreundlich genug. Entsprechend setzen Sie sich nicht durch, obwohl sie sich theoretisch durchsetzen müssten. Probieren Sie es einfach noch mal. Versuchen Sie Ihre digitalen Innovationen immer aus der Kundenperspektive heraus zu entwickeln. Kunden haben wenig Zeit und wenig Lust, sich in Angebote hineinzudenken. Alles was mit aufwendigen Schulungen und langsamen Erfolgen verbunden ist, scheitert. Erfolgreiche Digitalisierung braucht Angebote der zweiten und dritten Generation. Also: Erleichtern Sie ihren potenziellen neuen Kunden den Zugang. Einfach noch mal probieren.

Platz 2: »Uns fallen keine guten Ideen ein.«

Dieses Argument ist vor allen eines: Ehrlich. Gerade in Unternehmen, die auf das operative Geschäft ausgerichtet sind, wird Kreativität unterdrückt. Aus einem guten Grund: Effizienz entsteht durch klare Prozesse mit geringen Freiheitsgraden für Einzelne. Doch Innovation braucht das Gegenteil: Kreativen Freiraum und Kollaboration. Deshalb ist die Software ein Teil dieses Buchs: Sie erhalten Anleitungen, wie Sie gemeinsam mit anderen (Kollegen, Kunden, Partnern) Ideen entwickeln und erfolgreich umsetzen können.

Platz 1: »Geht nicht ... wegen Datenschutz.«

Es gibt fünf Buchstaben, die sich praktisch in jeder Situation und in jedem Meeting als Argument verwenden lassen: DSGVO. Die Datenschutz-Grundverordnung. Am Datenschutz scheitert scheinbar alles: »Das dürfen wir nicht wegen Datenschutz.« Doch das Argument ist falsch. Die DSGVO wurde erlassen, um einen rechtssicheren Rahmen für die Entwicklung innovativer Geschäftsmodelle zu gewährleisten. Nicht um Innovation zu verhindern. Im Gegenteil: Digitale Innovation beruht auf Vertrauen. Künftige Dienste, wie beispielsweise E-Health, werden nur dann Erfolg haben, wenn Kunden genau wissen, was mit ihren Daten geschieht. In Kapitel 1 werden Sie mehr darüber erfahren.

Fazit: Es gibt keine wirklichen Argumente gegen Digitalisierung

Vielleicht haben Sie sich bis heute nicht wirklich mit der Digitalisierung auseinandergesetzt. Oder Sie sind erste Schritte gegangen, beispielsweise mit einer Social-Media-Präsenz. Vielleicht haben Sie auch bereits erste Projekte umgesetzt und denken, Sie seien fertig. Egal, in welcher Situation Sie sind: Es gibt keine Argumente gegen die Digitalisierung. Beginnen Sie. Oder gehen Sie die nächsten Schritte. So schnell wie möglich.

Ist alles das, was Sie können, eigentlich überflüssig?

»Sie müssen radikal umdenken!«

»Ihr Know-how von gestern zählt morgen nicht mehr!«

»Künstliche Intelligenz macht künftig Ihren Job.«

Wow! Das klingt unfassbar motivierend, oder? Durch solche und ähnliche Statements ist die Digitalisierungsdebatte in Deutschland und weiten Teilen Europas geprägt. Angst. Da verändert sich etwas. In diesem Buch möchte ich Ihnen Mut machen, sich nicht verunsichern zu lassen. Und stattdessen Ihren individuellen Weg einzuschlagen auf dem Weg zum digitalen Gewinner.

Digitale Gewinner sind Menschen und Unternehmen, die digitale Technologien geschickt nutzen, um Kosten zu sparen, neue Kunden zu gewinnen und bestehende Kunden zu begeistern.

Beispiele

1. Die Zahnarztpraxis, die ihren Patienten ein Online-Terminsystem zur Verfügung stellt und ihnen Bilder vom Zustand der Zähne nach der Behandlung nach Hause schickt, ist genauso ein digitaler Gewinner wie das mittelständische Unternehmen, das sich intensiv damit auseinandersetzt, Papier zu verbannen und interne Prozesse zu digitalisieren.

2. Der Anwalt, der internationale Haftungsfragen durch fehlerhafte Produkte aus dem 3-D-Drucker zu seinem neuen Rechtsgebiet macht, ist genauso ein digitaler Gewinner wie eine Anwältin, die Teile ihres Knowhows digital abbildet und Mitbegründerin eines Start-ups wird.

3. Die Führungskraft eines Konzerns, die bei der Mitarbeiterauswahl verstärkt auf digitale Kompetenzen achtet, ist genauso ein digitaler Gewinner wie der Chief Digital Officer des Unternehmens, das erfolgreich ein neues digitales Geschäftsmodell entwickelt.

Ich möchte Sie in diesem Buch ermutigen, den Schritt zum digitalen Gewinner zu gehen. Ich möchte, dass Sie erkennen, was Sie als Mitarbeiter, als Führungskraft oder im Topmanagement, als Selbstständiger oder Student tun können.

Neugier ist wichtiger als Fachkompetenz

Bitte glauben Sie nicht alles, was Ihnen »Digitalisierungsberater« oder »Experten« sagen. (Sie werden die Spezies in diesem Buch noch näher kennenlernen.) Glauben Sie bitte nicht, dass Sie keine Ahnung von Digitalisierung haben, nur weil Sie die Definition von Industrie 4.0 morgens um vier nicht auswendig aufsagen können. Denken Sie nicht, Sie müssten Bitcoin-Spezialist sein und die dahinterstehende Technologie genau verstehen, damit Sie in der digitalen Welt erfolgreich sein können. Oder dass Sie für Ihre Kunden keine digitalen Lösungen entwickeln können, weil Sie noch nie einen Chatbot programmiert haben.

Alles das lässt sich lernen. Ihre wichtigste Haltung ist hier: Neugier. Zugegeben, es wird einem häufig nicht leicht gemacht. Gerade haben Sie etwas verstanden, da kommt das nächste Buzzword um die Ecke geschossen und die »Experten« behaupten, alles was Sie zuvor gelernt haben, sei wieder Vergangenheit.

Lassen Sie sich nicht verunsichern! Wichtiger als Fachkenntnis ist hier Neugier. Wirklich? Kann künstliche Intelligenz wirklich so viel? Was meint der »Experte« damit?

Die Fülle der Buzzwords und Technologien verunsichert.

Ich möchte Sie motivieren, der digitalen Welt mit Offenheit und Neugier zu begegnen! Spaß daran zu gewinnen, sich mit Themen auseinanderzusetzen, die zu Beginn sperrig und kompliziert erscheinen. Und ich möchte, dass Sie Ihren digitalen Weg finden. Für sich. Für Ihr persönliches Umfeld. Für Ihr Unternehmen.

Kostenlose Software zum Buch

Damit Sie dieses Ziel erreichen, enthält dieses Buch eine wesentliche Neuerung. Üblicherweise erfahren Sie in einem Buch, wie Dinge theoretisch funktionieren könnten. Buchautoren sind damit nicht besser als eine Unternehmensberatung, die einhundert PowerPoint-Folien an die Wand wirft und sagt: »Sie müssen das nur noch umsetzen.« Und dann werden Sie mit der Umsetzung alleingelassen. Würde ich genauso vorgehen, dann wäre das Ergebnis dieses Buchs folgendes: Sie wüssten theoretisch, wie Sie Ihr Unternehmen, Ihre Organisation (beispielsweise Ihren Verein, Ihre Stiftung oder Ihren Verband) zum digitalen Gewinner machen. Nur, Sie könnten es nicht umsetzen.

Mit diesem Buch gehe ich einen Schritt weiter. Wir haben in den vergangenen Jahren eine cloudbasierte Software entwickelt, die es Unternehmen und Organisationen jeder Größe möglich macht, Innovation und Digitalisierung voranzutreiben. Diese Software ist heute bei kleineren Unternehmen genauso im Einsatz wie bei international tätigen Mittelständlern (zum Beispiel DOMO Chemicals) und Konzernen (ARAG Versicherungen). Es ist eine Innovationssoftware der neuen Generation. Innovationssoftware von Unternehmen wie Spigit (USA), Brightidea (USA), Hype Innovation (Deutschland) oder Innosabi (Deutschland) erforderten bislang mehrmonatige Projekte und eine Investition ab 50.000 Euro aufwärts. Wobei Sie mit 50.000 Euro eher in die Kategorie Kleinkunde gefallen sind.

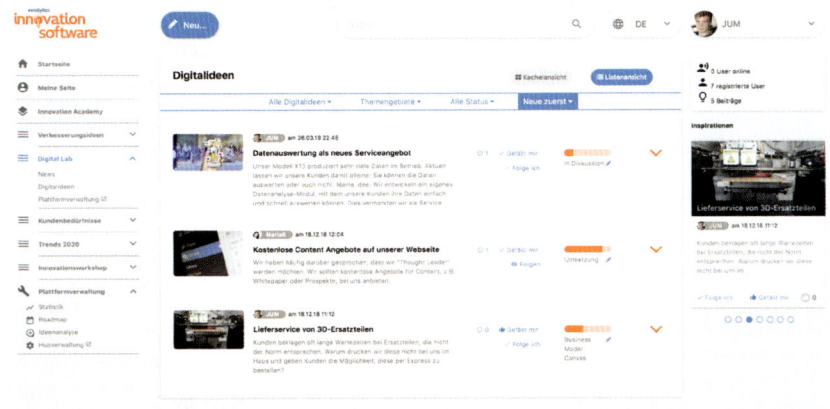

Ideen für die digitale Transformation entwickeln, bewerten und umsetzen.

Die Herausforderung besteht jedoch darin, nicht nur große zahlungskräftige Konzerne, sondern Wirtschaft und Gesellschaft insgesamt zu digitalen Gewinnern zu machen. Die Grundlagen von Innovation und kollaborativer Ideenentwicklung für jede Schule, jede Universität, jeden Handwerksbetrieb und jedes mittelständische Unternehmen verfügbar zu machen. Genau dieser Aufgabe haben wir uns in den vergangenen Jahren gestellt.

Die webbasierte Software, die zu diesem Buch gehört, macht es möglich, dass Sie bereits mit der kostenlosen Basisversion dauerhaft ein professionelles Ideen- und Innovationsmanagement aufbauen können.

Aus Th. wird Praxis

Ob Schulleitung, Handwerksbetrieb oder Konzern – die Software ermöglicht digitale Innovation für alle

Sie können die Software unternehmensintern nutzen oder ein Innovationsnetzwerk gründen.

Beispiele

1. Nehmen wir an, Sie sind in der Schulleitung tätig und möchten Ideen für neue Unterrichtskonzepte entwickeln. Sie möchten Schülern und Schülerinnen digitale Kompetenzen vermitteln. Die Software, die Sie mit diesem Buch kostenlos nutzen können, macht es möglich, dass Sie Lehrer, Digitalexperten, Eltern und Schüler in den Prozess involvieren.

2. Sie haben einen mittelständischen Handwerksbetrieb und suchen nach Wegen, Ihre Effizienz durch den Einsatz digitaler Technologien zu verbessern und Ideen für Ihr Onlinemarketing zu entwickeln. Nutzen Sie die Plattform, um Kunden, Ihre Werbeagentur, Mitarbeiter und Studenten von Hochschulen miteinander zu vernetzen.

3. Oder Sie sind in der Teamleitung eines großen Konzerns tätig. Beispielsweise im Marketing oder im Vertrieb. In Ihrem Unternehmen existiert zwar ein professionelles Ideen- und Innovationsmanagement und Sie haben sogar eine eigene Abteilung dafür. Dummerweise hilft Ihnen das nicht weiter. Denn was Sie brauchen, ist kein großer übergeordneter Prozess, sondern ein schnelles, schlankes Tool, mit dem Sie gemeinsam mit Kollegen und Kolleginnen Ideen vom ersten Geistesblitz bis zum fertigen Umsetzungskonzept entwickeln können.

Genau das erhalten Sie zusammen mit diesem Buch.

In zehn Minuten haben Sie ein professionelles Ideen- und Innovationsmanagement

Sie müssen mit dem Start nicht warten, bis Sie auf der letzten Seite angelangt sind. Sie können jetzt direkt loslegen. Unter *www. digitale-gewinner.de* finden Sie ein Video zur Software und den Button »Jetzt anlegen«.

- Wählen Sie einen Namen für Ihre Plattform und die Software prüft, ob der Name noch verfügbar ist. Anschließend klicken Sie auf »Weiter«. Sie werden Ihre Innovationsplattform ab sofort unter der Domain *plattformname.innolytics.net* erreichen.
- Jetzt legen Sie Ihren Namen und Ihre E-Mail-Adresse an, lesen sich kurz die Bestimmungen zum Datenschutz (den wir sehr ernst nehmen) durch und klicken auf »Plattform anlegen«. Fertig. Kein monatelanges Projekt, keine hohen Investitionskosten. Sie legen los.

Auf Ihrer Plattform finden Sie erste Inhalte und eine interaktive Tour. Sie lernen den Innovationsprozess kennen, den wir für Sie auf der Plattform eingerichtet haben.

In diesem Buch finden Sie ein eigenes Kapitel zu Ihren ersten Schritten. Nachdem Sie sich mit der Software und den Funktionalitäten vertraut gemacht haben (wir haben es so intuitiv wie möglich gehalten), laden Sie andere ein, mit denen Sie gemeinsam Ideen entwickeln möchten. Das war es bereits. Sie können loslegen.

Das Ganze funktioniert auch mobil. Wenn Sie also beim Lesen links das Buch beziehungsweise den E-Book-Reader und rechts das Smartphone haben, können Sie jetzt loslegen und Ihre Plattform anlegen. Die Basislizenz ist auf fünfzehn Nutzer und eine Sprache beschränkt.

Das Upgrade

Wenn Sie später upgraden möchten, können Sie Funktionen wie die Mehrsprachigkeit nutzen (Nutzerbeiträge werden automatisch übersetzt), Sie können unterschiedliche Innovationsnetzwerke im Unternehmen einrichten, verschiedene Prozesse und Bewertungskriterien anlegen, erhalten erweiterte Auswertungen, ein verbessertes Reporting und vieles mehr. Damit können Sie – wenn Sie beispielsweise für die Digitalisierung in einem mittelständischen Unternehmen verantwortlich sind – Kollegen und Kolleginnen aus unterschiedlichen Ländern und Abteilungen miteinander vernetzen.

Strukturierte Diskussionen über Trends und Kundenbedürfnisse

Ideen- und Konzeptentwicklung, mehrstufiges Priorisierungsverfahren

Ideenblog mit integriertem Video Streaming

Incentive-System für langfristiges Engagement

Aufbau von internen und externen Innovationsnetzwerken

Umfangreiches Rechtesystem zum Management verschiedener Kampagnen und Plattformen

Integrierte Umfragesoftware für Customer Insights und Konzepttests

Optimierung für das mobile Internet, Apps für iOS und Android

Umfangreiche Auswertungs- und Analysefunktionen

Mehrsprachigkeit für internationalen Einsatz

Die übersichtliche Verwaltung von Innolytics® Innovation

Ausgewählte Funktionen der kostenpflichtigen Version.

Nehmen wir an, Ihr Unternehmen hat fünfhundert Mitarbeiter und Mitarbeiterinnen.

- Sie können alle Mitarbeiter auf die Plattform einladen, um dort Ideen für Verbesserungen und effizientere Prozessabläufe zu entwickeln. Dazu legen Sie einen ganz einfachen Prozess an, bei dem jede Idee durch interne Gutachter angesehen und durch einen mehrstufigen Bewertungsprozess umgesetzt wird.
- Zugleich haben Sie mehrere Arbeitsgruppen: Kollegen aus den internationalen Marketingabteilungen möchten sich spezifisch mit der Frage nach künftigen Funktionalitäten Ihrer Kunden-App sowie Ideen für Content Marketing auseinandersetzen. Diese Ideen durchlaufen andere Bewertungsstufen und haben andere Bewertungskriterien als die für Ihre internen Verbesserungen. Sie rufen also eine zweite Plattform ins Leben, auf der nur Mitarbeiter aus dem Marketing sowie speziell eingeladene andere Personen zugelassen sind.
- In einer dritten Arbeitsgruppe diskutieren Sie die Frage, welche Auswirkungen künstliche Intelligenz auf Ihre künftigen Geschäftsmodelle hat. Auf dieser Plattform vernetzen Sie Kollegen aus der IT mit der Produktentwicklung, der Unternehmenskommunikation und der Geschäftsleitung. Wieder einmal haben Sie andere Kriterien und Prozessschritte bei der Entwicklung.
- Sie haben die Plattform gerade aufgesetzt, als sie einen Anruf aus Las Vegas erhalten. Dort ist ein Team von Ihnen auf der CES, der Consumer Electronic Show unterwegs. »Das, was wir hier sehen, müssen wir mit allen teilen!«, ruft Ihr Vertriebsleiter. Sie gehen in Ihre Software, legen die Unterplattform CES Trends an und schreiben dem Vertriebsteam

drei Minuten später eine WhatsApp: »Bereit zum Hochladen.«
Per Smartphone macht das Team vor Ort Aufnahmen und
Videos und lädt sie direkt auf Ihre Innovationsplattform hoch.
Die Mitarbeiter, die die Messe nicht besucht haben, sehen
die neuesten Trends direkt und können mit dem Team vor Ort
bereits diskutieren. »Frag doch mal bitte die Mitarbeiter vor
Ort, wie sie die Einführung des Produktes prozessual umgesetzt
haben?«, fragt die Leiterin der Organisationsentwicklung. »Wie
genau sieht die Marketingstrategie des Unternehmens aus?«,
fragt das Marketingteam aus Deutschland. Und so weiter.

All diese Funktionen erhalten Sie mit der kostenpflichtigen Version. Sie können also Innovation zunächst einmal klein starten
und dann Schritt für Schritt ausbauen.

Innovation starten – ohne aufwendige Beratungs- und Implementierungsprojekte

Dieses Vorgehen ist ein anderes als das, was Sie vielleicht von
klassischen Innovations- und Digitalisierungsberatungen beziehungsweise großen Softwareunternehmen kennen. Anstatt loszu-
legen, Erfahrungen zu sammeln und Schritt für Schritt Mitarbeiter
mitzunehmen, werden üblicherweise Monsterprojekte ins Leben
gerufen, Arbeitsgruppen gebildet, Prozesse und Roadmaps etabliert und ein Rollout geplant. Vieles davon bleibt auf dem Papier.
Oder besser: In der PowerPoint. Mit viel Aufwand relativ wenig
erreichen. Doch Innovation und Digitalisierung brauchen das
Gegenteil: Mit wenig viel erreichen. Und sie brauchen Agilität:
Unternehmen und Organisationen müssen lernen, schneller und
flexibler auf neue Herausforderungen zu reagieren.

Bisher war es häufig so: Die Herausforderungen wurden auf die bestehenden Prozesse angepasst. Anders gesagt: Die Außenwelt hatte sich der innerbetrieblichen Realität zu beugen.

Beispiele

1. Sie haben einen potenziellen Kooperationspartner kennengelernt, mit dem Sie eine Applikation für das Internet der Dinge entwickeln können? Sorry, gerade kein Platz dafür, der Prozess sieht ein anderes Vorgehen vor.

2. Sie sind in einem Verband tätig und möchten eine Initiative ins Leben rufen, um Ihre Mitglieder zum Thema »Digitalisierung und Innovation« zu vernetzen? Die IT winkt erschreckt ab: Sorry, keine Ressourcen. Die Konfiguration von SharePoint frisst gerade alle Ressourcen, frühestens in einem Jahr. Bis dahin ist der Elan von all denen, die mit Ihnen gerade das Netzwerk gründen wollten, garantiert eingeschlafen.

3. Oder in öffentlichen Institutionen wie Schulen und Universitäten. Sie möchten neue Lehrinhalte entwickeln? Oh, bloß nicht, die Kommission von Bund und Ländern ist gerade dabei, ein Konzept zu erarbeiten. Sie können zwar mit an Sicherheit grenzender Wahrscheinlichkeit davon ausgehen, dass die Digitalisierung abgeschlossen ist, bevor sich Bund und Länder auf einen Kompromiss geeinigt haben. Aber trotzdem: Der Prozess ist heilig.

In meiner langjährigen Praxis habe ich eines gelernt: Egal ob Behörden, Verbände, Vereine oder Unternehmen, es gibt jeden Tag tausend Gründe, nichts zu tun. (Zehn der beliebtesten Ausreden, warum der richtige Zeitpunkt für Innovation und Digitalisierung noch nicht gekommen ist, haben Sie bereits kennengelernt.) Genau das verhindert jeden Tag, dass Institutionen und Unternehmen zu digitalen Gewinnern werden.

Ich möchte, dass Sie ins Machen kommen. Innovation wird durch mutige Menschen geprägt, die nicht warten, sondern handeln. Und die dafür die notwendigen Werkzeuge brauchen. Genau das stelle ich Ihnen mit diesem Buch zur Verfügung.

Warum Ihre Ausgangs-situation besser ist, als Sie denken

1

Beispiel

Sunnyvale im Silicon Valley, knapp vierzig Meilen von San Francisco entfernt. Es ist ein sonniger Aprilnachmittag: Pitch Day im Plug-and-Play-Tech-Center. Das Gebäude sieht unscheinbar aus. Kein Glaspalast, keine internationalen Fahnen vor der Tür, keine übergroßen Displays. Nichts, was darauf hindeutet, dass dieses langweilige Gebäude in einem noch langweiligeren Industriegebiet die Brutstätte von Unternehmen wie Dropbox und PayPal ist. Das Plug-and-Play-Tech-Center ist einer der weltweit führenden sogenannten Accelerators. Mehr als zweitausend Start-ups haben das Programm bislang durchlaufen, die Unternehmen im Portfolio haben mehr als 7 Milliarden Dollar an Risikokapital akquiriert.

Ich bin mit der Unternehmensberatung Alternus und einer Gruppe von Unternehmensvorständen dort, um mit Gründern über ihre Erfahrungen zu sprechen. Ist im Valley wirklich alles so viel besser als in Deutschland? Muss es Cupertino sein oder geht auch Chemnitz? Findet digitale Innovation wirklich nur im Silicon Valley statt?

Im Plug-and-Play-Tech-Center im Silicon Valley.

Der Plug-and-Play-Accelerator hat ein besonderes Geschäftsmodell. Gegründet von Saeed Amidi, der auf eine einfache Idee kam: Lasst uns Start-ups züchten wie andere Rinder. Sein Accelerator-Programm funktioniert nach einem einfachen Prinzip: Start-ups bewerben sich mit einer innovativen Idee beziehungsweise einem Unternehmen, das erste Erfolge zeigt. In einem mehrmonatigen Programm erfahren diejenigen, die angenommen wurden, wie sie ihr Geschäftsmodell aufbauen müssen, damit es für Investoren interessant wird. Denn nicht jedes digitale Geschäftsmodell ist für Risikokapitalgeber interessant.

Silicon Valley: Ohne Größenwahn kein Geld

Mittelständisches deutsches Wachstum mit zwanzig oder dreißig Prozent Umsatz- und Gewinnsteigerung im Jahr? Uninteressant. Das typische Silicon-Valley-Geschäftsmodell folgt den Regeln der Kapitalmärkte: Nicht zwanzig, sondern zweihundert, besser noch zweitausend Prozent Wachstum im Jahr. Es ist der Unterschied zwischen einer regionalen Mitwohnzentrale und Airbnb. Auch Uber ist letztlich nichts weiter als eine digital abgebildete Mitfahrzentrale. Nur eben, dass das Unternehmen den Regeln des Silicon Valley folgt: riesig denken, exorbitantes Wachstum anstreben. Im Plug-and-Play-Tech-Center lernen Start-ups, ihr Geschäftsmodell so aufzubereiten, dass dieses Wachstum möglich wird. Sind die Gründer größenwahnsinnig? Die erfolgreichen sind es tatsächlich oft. Größenwahn gehört zum Geschäftsmodell. Was anderswo als Diagnose mit psychotherapeutischem Behandlungsbedarf gilt, ist im Silicon Valley Pflicht. Ohne Größenwahn kein Geld.

Es ist Pitch Day. Häppchen werden aufgefahren, es gibt kostenlosen Kaffee. Typisch amerikanisch. Kaffeetrinken ist eine halbe Wissenschaft. Milch ohne Fett, halbfett, viel Fett, laktosefrei. Kaffee mit oder ohne Koffein, mit oder ohne Aroma. Die ersten Start-ups kommen auf die Bühne. Es ist ihr großer Moment. Im Kern passiert jetzt nichts Anderes als das, was Sie aus Fernsehshows wie der *Höhle der Löwen* vielleicht bereits kennen. Innerhalb kürzester Zeit gilt es, Investoren davon zu überzeugen, dass die eigene Idee es wert ist, sich mit ihr zu beschäftigen.

Die erste ernüchternde Erfahrung: Nicht nur wir Deutschen können komplizierte Reden halten und hässliche PowerPoint-Folien produzieren. Wer im Silicon Valley ein Unternehmen gründet, muss häufig die gleichen Soft Skills lernen wie wir: Sich kind-, vorstands- und investorengerecht ausdrücken. Es kann gar nicht einfach genug sein. Bereits damit tun sich fünfzig Prozent aller, die präsentieren, schwer. PowerPoints, die mit Fachinhalten überladen sind und das Publikum achselzuckend zurücklassen. Was die Anwesenden daraus lernen: Auch der ausgefuchste Silicon-Valley-Entrepreneur war zu Beginn seiner Karriere oft ein genauso stammelndes Wesen wie die meisten von uns, die das erste Mal in Biologie ein Referat über Nagetiere halten mussten.

Auch im Silicon Valley wartet niemand auf den nächsten Gründer

Die zweite wichtige Erkenntnis: Niemand reißt sich um die Entrepreneure. Nach den Pitchings sitzen sie wie Schüler auf einem Flohmarkt vor einem kleinen Tisch und warten darauf, dass die große Chance vorbeizieht. Tatsächlich haben einige der Jungunternehmer kleinere Gespräche. Doch am Ende des Nachmittags herrscht bei vielen, mit denen ich spreche, Ernüchterung. Nein, der Google-Investor mit dem prall gefüllten Scheckbuch kam nicht vorbei.

Viele der Entrepreneure, mit denen ich mich an diesem Nachmittag austausche, haben den Traum vom großen Durchbruch. Sie gehen ins Silicon Valley oder nach San Francisco, wo bereits für eine Einzimmerwohnung Mieten ab 3.000 Dollar aufwärts fällig werden. Der erste Businessplan, den sie schreiben, sieht auf der Kostenseite entsprechend aus. 150.000 Dollar im Jahr für einen Programmierer auf dem Level eines Anfängers. 250.000 Dollar für einen Profi. Der Wettbewerb ist brutal. Die klugen Köpfe werden ständig angesprochen. Sie zu halten ist schwer.

Im Silicon Valley lassen sich neue Ideen nicht mal eben ausprobieren. Zwei Programmierer, zwei Marketingexperten, ein Büro und ein Chef. Weg ist die erste Million.

An diesem Nachmittag werde ich häufig ungläubig angeschaut. »Wie viel zahlt ihr für Programmierer in Deutschland? Ist das ein Witz?« Nein. Selbst 50.000 oder 80.000 Euro Jahresgehalt für einen Programmier-Profi sind geschenkt im Vergleich zu den Kosten, die eine Gründung im Silicon Valley verursacht.

Überraschung: Deutschland genießt im Silicon Valley einen exzellenten Ruf

Im Silicon Valley sprechen wir mit deutschen Unternehmensberatern, die in San Francisco eine Etage in einem der verglasten Bürogebäude in der Innenstadt gemietet haben. Deutsche Unternehmensberater? Was tun die? Das Know-how aus dem Silicon Valley absaugen und nach Deutschland exportieren? Nicht nur. Sie beraten auch Technologieunternehmen aus dem Silicon Valley in deutscher Prozesseffizienz. Als Deutscher im Silicon Valley bekommen Sie fast automatisch einen Stempel aufgedrückt: Organisationstalent, prozessorientiert, zu hundert Prozent genau. Davon leben die Berater, die wir in San Francisco treffen. Denn die großen Tech-Unternehmen, die in den vergangenen Jahren häufig explosionsartig gewachsen sind, sind zum Teil extrem ineffizient. Schlecht organisiert. Und vielfach chaotisch. Hier wird gerne der Deutsche gerufen. Gerne auch in der Version »staubtrockener Ingenieur, der zum Lachen in den Keller geht«. Hauptsache, er kann organisieren.

Im Laufe einer intensiven Woche festigt sich das Bild. Ich spreche mit Professoren und Studierenden der Stanford University, mit Experten, die sich seit dreißig Jahren mit der Entwicklung künstlicher Intelligenz auseinandersetzen, mit Rentnern, die ihr eigenes digitales Unternehmen gründen sowie mit Investoren und Start-up-Gründern aus allen fünf Kontinenten. Heraus kommt ein klares Bild: Nein, Google, Airbnb und Uber hätten nicht in Deutschland entstehen können. Jedenfalls nicht am Anfang, als es das Geschäftsmodell noch nirgendwo gab und kein Erfolg da war, an dem man sich orientieren konnte.

Im Silicon Valley geht es darum, große Visionen zu entwickeln und glaubhaft zu vermitteln, dass man diese umsetzen kann. In Deutschland werden bodenständige digitale Innovationen gesucht, die häufig in Verbindung mit komplexen Anlagen und Maschinen stehen.

Ein großer Traum auf grüner Wiese, das ist nach wie vor die Domäne des Silicon Valley. Es geht immer um den Big Dream, um die nächste Marktrevolution, um das noch bessere Kundenerlebnis. Doch: Unsere Wirtschaft kann das, was das Silicon Valley nicht kann.

Beispiele

1. Sie möchten an der Vision mitarbeiten, Einkaufswagen im Supermarkt zu kleinen Datenlieferanten zu machen und Supermärkten damit das Kauf- und Bewegungsverhalten ihrer Kunden zu liefern? Sie möchten den Shop der Zukunft entwickeln, der für Sie als Kunde vierundzwanzig Stunden geöffnet hat, in den Sie hineingehen, sich aussuchen was Sie möchten, automatisch bezahlen und wieder herausgehen?

Gehen Sie nicht ins Silicon Valley. Gehen Sie nach Leipheim zu Wanzl. Der weitweit führende Anbieter für Einkaufswagen arbeitet an dieser digitalen Vision. Die Investitionen in das System: bodenständig mittelständisch. Es soll sich schnell rechnen. Das System soll nicht erst in fünf Jahren funktionieren, sondern bereits in fünf Monaten erste Gewinne abwerfen. Kein Fall für das Silicon Valley.

Wanzl: Vom Einkaufswagen zum digitalen Ökosystem.

2. Sie überlegen, wie man durch Gesichtserkennung Schlangen beim Einchecken ins Flugzeug oder ins Kreuzfahrtschiff verhindern kann? Ihre Pilgerorte sind nicht San Francisco und Cupertino, sondern Norderstedt vor den Toren Hamburgs, Wetzlar und Frankfurt am Main. Lufthansa Industry Solutions entwickelt diese Lösung maßgeblich. Gut, um das System auszuprobieren, musste Lufthansa nach Los Angeles ausweichen – unter anderem wegen der deutschen Regularien.

3. Sie möchten den Auf- und Abbau von Messeständen live auf einer App verfolgen? Messeprojekt Leipzig ist der Ort, wo Sie eine beeindruckende App sehen können, die genau das leistet. Entwickelt von einem Unternehmen, das nach der Wende von einem ostdeutschen Unternehmer der Treuhand abgekauft wurde.

4. Sie möchten ein intelligentes Community-Haus der Zukunft sehen? Fahren Sie in die Heilbronnerstraße 16 nach Ludwigsburg bei Stuttgart. IQ Intelligentes Wohnen, die Ausgründung eines lokalen Bauunternehmens, verkauft Haus plus App plus Services: Alle Bewohner sind miteinander vernetzt und verabreden sich abends in der Haus-Lounge. Örtliche Dienstleister – vom Bäcker über den Biohof bis zum Maler – liefern Waren direkt in Kühlboxen. Und selbst ein Drohnenlandeplatz – für die Express-Pizza – ist vorgesehen.

Wohnhaus in Ludwigsburg – entwickelt als digitales Community-Projekt.

All diese Ideen machen die Unternehmen und ihre Köpfe zu digitalen Gewinnern.

Digitale Gewinner sind überall. Im Silicon Valley genauso wie in Leipheim, Norderstedt, Leipzig oder Ludwigsburg.

Auch wenn Sie nicht ins Silicon Valley pilgern und Geschäftsmodelle mit exorbitantem Milliardenwachstum umsetzen wollen: Lassen Sie sich nicht abschrecken!

Vorsicht Schaumschläger! So entlarven Sie Pseudo-Experten

Auf dem Weg zum digitalen Gewinner werden Sie über kurz oder lang auf eine Spezies Mensch treffen, die Ihnen wahlweise Angst macht oder Ihr Geld aus dem Unternehmen saugt: Digital Consultants. Es sind Menschen, die Ihnen im Meeting tief in die Augen schauen und mit fester Stimme sagen: »Wenn Sie keine KPIs für Ihre Cloud-based Services definieren, sind Sie zwar technology-driven, aber Sie haben kein Value Generation Mindset. Logisch, oder?« Alle Anwesenden im Raum nicken betreten. Der Vorstand schaut mit strenger Miene in die Runde. Die Buzzwords haben gesessen. Willkommen im Reich der digitalen Schaumschläger!

Seit Jahren bin ich direkt mit dem modernen Schauspiel der digitalen Transformation konfrontiert. Die Hauptdarsteller: Unmengen an selbst ernannten Digital Experts und Menschen mit abenteuerlichen Visitenkarten. Ich habe Senior Digital Consultants getroffen, die abenteuerliche Titel wie »Director Garage« (eine Anspielung auf Garagen, in denen Silicon Valley-Start-ups entstanden) tragen, aber unfähig sind, sich selbst zu organisieren und einen digitalen Terminkalender zu verwalten. Der Chief Acceleration Officer brauchte drei Wochen, um eine Mail zu beantworten. Und der Business Incubation Consultant schien gerade selbst aus dem Brutkasten zu kommen, so unerfahren war er.

Wie schaffen es all die vielen Consultants und selbst ernannten Digital-Propheten, dass so viele Menschen kritiklos an das glauben, was sie sagen? Und dafür auch noch viel Geld bezahlen? Sie nutzen vier einfache Tricks, die Sie jetzt kennenlernen werden. Damit können Sie ab sofort digitale Schaumschläger entlarven – oder selbst zu einem werden. Letzteres wollen Sie natürlich nicht.

Trick 1: Buzzwords lernen und anwenden!

Sobald Sie mit Digital Consultants zu tun haben, hören Sie zwangsläufig Sätze wie diese:

- »Bei der Etablierung einer Digital Value Chain müssen Sie den Fokus auf die Customer Journey legen.« Toller Satz, oder? Heißt nichts anderes als: »Wenn Sie was verkaufen wollen, dürfen Sie Ihren Kunden nicht vor den Kopf stoßen.« Weiß jeder Ladenbesitzer. Mit einem hässlichen Schaufenster und unfreundlichem Personal verkauft man nix. Klingt digital aber viel schöner.
- »Sie müssen Influencer Marketing durch Analytics unterstützen und auf die Conversion achten. Ansonsten investieren Sie lieber in eine gute CTA.« Heißt zu Deutsch: »Glauben Sie nicht jedem, der auf YouTube mit vier Millionen Followern wirbt. Manche von denen sind ungefähr so glaubwürdig wie die Social Bots, die Werbung für Donald Trump gemacht haben.«
- »Sie brauchen eine Value Proposition für Big Data. Achten Sie darauf, dass Sie agile ist.« (Das »e« an dem Wort agil ist kein Rechtschreibfehler. Als moderner Digital Consultant spricht man es natürlich »ädscheil« aus, das klingt besser) Heißt aber nichts weiter als: »Nicht nur blind Daten sammeln, sondern ab und zu mal darüber nachdenken, ob man damit auch Geld

verdienen kann. Und wenn es nicht klappt: Einfach noch mal probieren.«

Mit diesen Buzzwords im Gepäck kommen Digital Consultants schon sehr weit. Sie allein helfen Ihnen aber nichts, wenn Sie ihre eigene Wichtigkeit nicht glaubwürdig darstellen können, sprich: wenn Sie keine coole Visitenkarte haben. Schon reingefallen: Visitenkarten sind natürlich out. Sie brauchen einen coolen Titel auf ihrem LinkedIn-Profil.

→ *Chief Advertisit*

Trick 2: Der coole Jobtitel
Geht ganz einfach: Sie brauchen drei Spalten einer Exceltabelle (bloß kein Papier!) oder einer entsprechenden coolen Cloud-Lösung.

- In die linke Spalte tragen Sie alle Berufstitel ein, die Ihnen einfallen: Specialist, Engineer, irgendwas mit »C« am Anfang (CTO, CDO – Achtung, nicht CDU!), Expert, Consultant, Developer et cetera.
- In die mittlere Spalte nehmen Sie beliebig viele Begriffe, die Ihnen im Zusammenhang mit Digitalisierung einfallen. Die Garage an Anspielung auf das Silicon Valley hatten wir bereits. Innovation Lab, Accelerator, Hacks, Vision, Co-working, Start-up, Technology, Big Data, Gamification, Growth Hack, viral, Clickability, Analysis et cetera.
- In die dritte Spalte tragen Sie jetzt noch ein, in welcher Form Sie gerne tätig sind: Leading, Social, Cooperation, Director, Senior et cetera.

Jetzt können sie Ihren neuen Jobtitel nach Belieben zusammenstellen – oder vom Zufallsgenerator kreieren lassen. Und schon ist er fertig: der Chief Acceleration Engineer, der Leading Start-up Cooperation Specialist oder der Senior Growth Hack Developer. Falls Sie das für sich ausprobieren wollen: Achten Sie bitte bei der Erfindung Ihres neuen Jobtitels nur darauf, dass Sie nicht aus Versehen bei einem Vision Clearance Engineer landen. Das ist Englisch und steht für Fensterputzer. Auch Digital Facility Manager könnte falsche Assoziationen auslösen der Facility Manager ist meist der Hausmeister.

Nun müssen Digital Experts nur noch an Ihrer Glaubwürdigkeit arbeiten.

Trick 3: Der digitale Lebenslauf

Sie sind bereits über vierzig? Dumm gelaufen. Damit waren die meisten hochtrabenden Studiengänge zum Thema Digitalisierung noch gar nicht existent, als Sie Ihre Ausbildung absolviert haben. Ein Gärtner lernte noch Gärten zu pflegen und nicht 3-D-Modelle für Gartenkunden zu entwickeln. Macht aber nichts. Mit ein bisschen Fantasie können Sie aus einem ganz normalen Lebenslauf eine glaubwürdige digitale Vergangenheit zaubern.

Als Sie fünfzehn waren, gab es bei Ihnen zu Hause den ersten Internetanschluss? Sie versuchten sich über Ihr altes, scheperndes Modem abwechselnd bei T-Online und AOL einzuwählen? Und Sie haben fluchend aufgegeben, weil die Übertragung jeder Webseite länger dauerte als eine komplette Ausgabe des *manager magazins* zu lesen? Sie haben den Schrott damals einfach in die Ecke gefeuert und laut gerufen: »Damit will ich nichts zu tun haben!«? Vollkommen falsch!

Erinnern Sie sich daran, dass Sie damals eine E-Mail an einen alten Schulfreund schrieben? Und ihm eine Briefmarke aus Ihrer Sammlung für 5 Euro anboten? Und er schrieb per Mail zurück: »Gekauft«? Richtig! Sie waren ein Pionier im E-Commerce. Und Sie haben damals bereits – als die meisten anderen das Modem fluchend in die Ecke warfen – das Potenzial dieser neuen Technologie erkannt.

In Ihrer Ausbildung haben Sie Texte auf Diskette gespeichert? Wow! Sehr früh war Ihnen klar, dass die digitale Transformation Bildung und Ausbildung radikal verändern wird. Prüfen Sie bitte Ihre Abschlusszeugnisse von der Fachhochschule oder der Universität noch einmal ganz genau. Findet sich darin irgendwo das Wort digital? Falls nicht: Irgendetwas, was man im weitesten Sinne als digital interpretieren könnte? Können Sie vor irgendwelche Arbeiten, die Sie verfasst haben, das Wort Digitalisierung stellen oder den Halbsatz »in Zeiten der Digitalisierung« anhängen? Übrigens: Ihr sechsmonatiger Aufenthalt in einem israelischen Kibbuz, wo Sie verzweifelt versucht haben, sich selbst zu finden, war natürlich in Wirklichkeit eine digitale Bildungsreise zum Hotspot der Digitalisierung. Sie haben aus Kostengründen nachts im Kibbuz geschlafen und waren tagsüber Teil des early Tel Aviv Digital Spirit.

Digitalisierung ist uncooler als viele denken

Ich habe diesen Teil des Buchs für Sie – in etwas überspitzter Form – geschrieben, damit Sie sich von den vielen Digitalpropheten nicht erschrecken lassen. Und damit Sie nicht auf die Idee kommen, nur weil Sie in Bergisch Gladbach und nicht in Berlin-Kreuzberg leben, könnten Sie kein digitaler Gewinner sein.

Mein persönliches Fazit aus fünf Jahren Softwareentwicklung und -vermarktung: Digitalisierung ist in erster Linie Knochenarbeit. Ich kann gar nicht beschreiben, wie viele Stunden ich mit Jira, einem Projektmanagementsystem für Programmierer, verbringe und Funktionen genauestens beschreibe. Für die meisten Menschen, die Einblick in unsere Arbeit bekommen, ist es unvorstellbar, dass man zwei Stunden in Meetings nur damit verbringt, über die Position eines Buttons nachzudenken.

Ich habe Hunderte von Diskussionen geführt, bei denen die Hälfte des Teams (inklusive Entwickler) am Anfang nicht genau wusste, was wir eigentlich diskutieren. Weil es schlicht und ergreifend niemand wusste. Oder können Sie fehlerfrei mitreden, wenn es um die Frage geht, welche Konsequenzen die Umstellung von Bootstrap auf Materialize CSS für die künftigen Funktionen einer Software hat?

Digitalisierung ist am Ende vor allem eines: Handwerk.

Ich weiß nicht, wer jemals auf die Idee kam, dass die Teilnahme eines Vorstands an einem Start-up-Pitching auch nur ansatzweise etwas mit Digitalisierung zu tun hat. Das ist wie ins Kino gehen. Sie sind digitaler Konsument. Dann könnten Sie sich auch gleich den Facebook-Film anschauen – und anschließend als Chief Digital Consumer (CDC) Unternehmen beraten.

Ist digitale Disruption automatisch erfolgreich?

Der Begriff der digitalen Disruption – also die radikale Veränderung von Geschäftsmodellen und Märkten durch die Digitalisierung – darf aktuell auf keiner Fachkonferenz fehlen. Von A wie Automobilindustrie bis Z wie Zahnarztinnung – es gibt keine Branche, die sich nicht mit den Auswirkungen der Digitalisierung auseinandersetzt. Dabei wird zwischen dem digitalen Wandel, bei dem Schritt für Schritt analoge Geschäftsmodelle und Prozesse in digitale überführt werden, und digitaler Disruption unterschieden – einem Prozess, bei dem Märkte und Branchen radikal neu definiert werden. Doch selbst unter Disruptoren gibt es Unterschiede: Airbnb hat den Markt der Zimmervermittlung radikal neu definiert – »nur« eine einfache Disruption, denn die dahinterstehende Technologie hat nicht das Potenzial, ganze Branchen neu zu definieren. Die Smartphone-Revolution wurde durch eine doppelte Disruption ausgelöst: Das Apple iPhone sowie das dazugehörige Ökosystem für Entwickler mit angeschlossenem App-Store.

Beispiel

Tesla will noch weiter und versucht die dreifache Disruption:

- Eine technologische Disruption für das Automobil inklusive eines Ladesäulennetzes;
- Die Disruption der Produktion in einer Konsequenz, wie sie bislang kein anderer Autobauer vorantreibt;
- Und als würde das nicht genügen, fügt Tesla noch eine digitale Disruption hinzu und setzt auf autonomes Fahren.

Genau an diesem dreifachen Disruptions-Rittberger könnte Tesla scheitern. Oder als eines der innovativsten Unternehmen in die Geschichte eingehen.

Die meisten Unternehmen schaffen nicht einmal eine Disruption – Tesla will drei

Um Ihnen das Prinzip der dreifachen Disruption verständlich zu machen: Stellen Sie sich vor, Sie möchten eine neue Zirkusattraktion kreieren. Einen Hochseilakt mit einer an den Eiskunstlauf angelegten Pirouette – ohne Sicherung. Das alleine wäre für die Zirkusbranche bereits Disruption genug. Doch Sie wollen sich damit nicht zufriedengeben: Sie möchten Ihr Kunststück auf einem durchsichtigen, nur zwei Millimeter dicken Seil vollführen – eine technische Disruption. Niemand hat jemals ausprobiert, ob dieses Seil überhaupt für den Bereich der Zirkusartistik geeignet ist. Und weil Sie alle Ihre Lieferanten zu teuer finden, übernehmen Sie die Entwicklung und Produktion dieses Seils gleich mit. Natürlich setzen Sie dabei nicht auf bestehende Lösungen, sondern Sie wollen die Produktionslandschaft der Seilbranche neu definieren. So ungefähr muss man sich das vorstellen, was Tesla gerade tut.

Untergangspropheten sagen sofort: »Ja! Das kann nicht gut gehen.« Doch ist gerade die mehrfache Disruption das, was Unternehmen wie Amazon erfolgreich gemacht hat: Zu Beginn eine Handelsplattform, die vom Buchhandel auf andere Branchen ausgeweitet und schließlich zum Marktplatz wurde. Dann kam die Logistik hinzu, die Amazon vollkommen neu gedacht hat. Und mittlerweile ist das Unternehmen mit Amazon Webservices auch noch einer der weltweit führenden Dienstleister für Cloudservices.

Der Unterschied: Amazon vollzog alle Schritte nacheinander. Tesla versucht alles auf einmal. Damit ist das Unternehmen 2018 und 2019 zur riskantesten Wette geworden, die sich Investoren vorstellen können. Eine klassische »Win everything or lose everything« Situation.

Beispiel Tesla befindet sich in einem aggressiven Wettbewerb, bei dem noch nicht klar ist, ob das Unternehmen als bewunderter »First Mover« in die Wirtschaftsgeschichte eingehen wird, oder als Unternehmen, das von den sogenannten Fast Followern überholt wurde.

Erinnern Sie sich noch an den Netscape Navigator? Pionier auf dem Markt der Internetbrowser, anschließend in der Bedeutungslosigkeit verschwunden. Oder Myspace? Das erste weltweit wirklich erfolgreiche soziale Netzwerk wurde von Facebook überholt, es ging steil bergab. Tesla ist nicht zum Scheitern verurteilt. Wer disruptive Innovation vorantreibt, ist ständig an der Grenze zwischen Ruhm und Absturz. Die Frage der nächsten Monate ist, ob das Unternehmen den immer schnelleren Wettlauf in der Automobilbranche gewinnen kann.

> Niemand kann die Situation, in der sich Tesla dauerhaft befindet, so schön ausdrücken wie Tesla-Gründer Elon Musk: »Unternehmer zu sein ist wie Glas zu essen und in den Abgrund des Todes zu starren.«

Warum führe ich dieses Beispiel auf? Obwohl die Geschichte von Elon Musk und Tesla noch nicht zu Ende geschrieben ist, zeigt es eines: Digitale Gewinner bewegen sich häufig auf mehreren Ebenen. Sie entwickeln digitale Innovationen in jedem Bereich: In ihren internen Abläufen, in ihren Produkten, in ihren Services, im Marketing, im

Kundenerlebnis und im Vertrieb. Es muss nicht immer die dreifache Disruption à la Tesla sein. Aber es macht Sinn, Digitalisierung auf verschiedenen Ebenen zu denken. In diesem Buch finden Sie ein eigenes Kapitel zur Zukunft verschiedener Abteilungen und Tätigkeitsfelder im Unternehmen.

Das Märchen vom innovationsverhindernden Datenschutz

Auf noch einen Punkt muss man eingehen, wenn man über digitale Gewinner spricht: Den Datenschutz. Das klassische Totschlagargument, das in keinem Meeting fehlen darf: »Das geht nicht. Wegen DSGVO.« Sie haben es in den zehn Argumenten gegen die Digitalisierung bereits kennengelernt. Für die meisten Unternehmen und Manager ist die DSGVO einfach nur ein Ärgernis, das es zu bewältigen gilt. Viele Digitalisierungsexperten betrachten die Vorschrift als Wachstumshindernis, schon ist die Rede von der Datenflucht. Aus Sicht digitaler Gewinner ist das Unsinn.

Wenn man sich länger mit diesem Thema auseinandersetzt, muss man trotz aller bürokratischen Anforderungen und Ärgernisse eines feststellen: Die DSGVO wird den digitalen Wandel voranbringen wie kaum eine weitere Vorschrift.

Die DSGVO unterstützt den Digitalstandort Europa. Lassen Sie sich nicht davon beirren, wenn Sie hören: »Der Datenschutz steht uns im Weg!« Im Gegenteil. Hier sind drei Gründe, warum Sie die DSGVO lieben sollten.

Liebesgrund Nr. 1: Was intim ist, bleibt intim

Wir werden in Zukunft immer komplexere Anwendungen und Geschäftsmodelle im Bereich der Digitalisierung sehen. Sie werden wie selbstverständlich Sensoren an Ihrem Körper tragen, die Ihre aktuellen Gesundheitsmesswerte in die Cloud übertragen. Algorithmen werden den psychischen Zustand von Patienten überwachen und automatisierte Empfehlungen geben. Und wenn Sie älter werden, werden Sie Bewegungssensoren und Kameras bei sich zu Hause installieren, damit Sie rund um die Uhr digital überwacht sind.

Die Daten, die Sie dabei von sich preisgeben werden, haben eine ganz andere Qualität als das, was Sie bei Facebook aktuell tun. Sie liken das Katzenfoto einer Freundin oder posten ein Bild von sich am Strand von Mallorca. So what? »Ich sehe, Du magst Katzen« – mit dieser Einstufung kann ich leben. Künftig werden Sie Ihre intimsten Gesundheitsdaten der Cloud anvertrauen. Ohne das Vertrauen darin, dass Daten nicht weitergegeben werden, würden Sie sich niemals innovativen Diensten aus dem Bereich E-Health anvertrauen. Die DSGVO ist Innovationstreiber, kein Innovationsverhinderer.

Liebesgrund Nr. 2: Schluss mit lustig, Mark

Erinnern Sie sich noch an den Facebook-Skandal? Mitte 2018 musste sich Facebook-Chef Mark Zuckerberg im europäischen Parlament kritischen Fragen stellen. Wer es beobachtet hat, konnte daraus nur eines schließen: So richtig verstanden hat Mark die Aufregung nicht. Das bisschen Datendingsda. Mein Gott, man kann doch mal einen Fehler machen, oder? Mark hatte damals offenbar mächtig Druck von seinen Investoren bekommen und beugte sich diesen merkwürdig vielsprachigen Menschen namens Europäern. Doch den Sinn von Datenschutz hat Zuckerberg offenbar nicht wirklich verinnerlicht. »Es sind meine Daten und ihr Bürokraten steht dem im Weg.« Falsch: Es sind die Daten der Nutzer und die EU musste erst zur dicken Keule greifen, um das zu erklären.

Anfang 2019 gestand Zuckerberg dann ein: »We don't currently have a strong reputation for building privacy protective services.« In einem Beitrag auf Facebook schrieb er: »As I think about the future of the internet, I believe a privacy-focused communications platform will become even more important than today's open platforms.«

Die DSGVO – in Verbindung mit den Datenskandalen von Facebook – hat ein neues Verständnis für die Privatsphäre im Internet geschaffen. Denn fehlender Datenschutz macht die bisherigen Geschäftsmodelle angreifbar.

Consumer Profiling war immer etwas Geheimnisvolles, etwas, worüber man nicht redete. Wie ein Schlachthof, wo auf der einen Seite lebendige Schweine hineinlaufen und auf der anderen Seite Fleischstücke herauskommen. Was da drin genau geschieht, darüber spricht man nicht ... So lange, bis es einen Skandal gibt. Die eigentlichen Facebook-Skandale waren, dass es überhaupt Skandale gegeben hat. Der Großteil der Betroffenen hatte dadurch überhaupt erst realisiert, dass mit den eigenen Daten etwas Merkwürdiges geschieht. Vorher bekamen Hundebesitzer doch einfach nur Tierfutter-Werbung angezeigt. Was ist schon dabei?

Die Social-Media-Geschäftsmodelle der ersten Generation sind Auslaufmodelle. Sie leben von der Intransparenz. Es war so, als ob Sie einem Fleischesser sagen, das Schwein sei lächelnd zu

Tode gestreichelt worden. In Wahrheit habe es sich gefreut, endlich in der Pfanne seine Bestimmung gefunden zu haben. Doch genau wie in der Lebensmittelindustrie legen Verbraucher mehr und mehr Wert darauf, mündig behandelt zu werden. Und dazu gehört es nicht mehr, Daten irgendwo in einem Big Data Analyse Tool verschwinden und durch geheime Algorithmen auswerten zu lassen.

Liebesgrund 3: Selbstbestimmung ist etwas Wundervolles

Was ist so schlimm an Selbstbestimmung? Die DSGVO war 2018 für Unternehmen ein Horror. Ein bürokratisches Monster, das Ressourcen frisst. Es wird in den kommenden Jahren immer wieder eine Reihe von Gerichtsverfahren geben, in denen grundsätzliche Fragen geklärt werden. All das nervt. Mittel- bis langfristig wird die DSGVO jedoch zu einer neuen Kultur der digitalen Selbstbestimmung führen. Das ist wunderbar.

Für die Internetkonzerne heißt es Abschied nehmen von einigen lieb gewonnenen Grundsätzen ihrer Geschäftsmodelle. Beispielsweise vom sogenannten Lock-in-Effekt, einer raffinierten Methode, mit der Sie aus dem Ökosystem eines digitalen Anbieters nicht mehr so leicht herauskommen. Ein Beispiel: Wenn Sie eBay verlassen, verlieren Sie als Käufer oder Verkäufer automatisch ihre Reputation in Form von Bewertungen. Künftig können Sie sagen: »Bitte meine Bewertungen einmal hübsch einpacken, ich möchte sie gerne zur Konkurrenz mitnehmen.« Sie lassen sich bei einem Onlinehändler einen Body Scan mit Ihren Maßen anfertigen. Bislang dienten die Daten dazu, dass Sie möglichst nur bei diesem einen Händler einkaufen. Jetzt sagen Sie: »Mit diesen Maßen würde ich mir gerne von ihrer Konkurrenz einen Anzug fertigen lassen.«

Vor dem Inkrafttreten der DSGVO erstellte Facebook ein Profil, das mindestens so geheim war wie eine Geheimdienstakte. Seit Inkrafttreten der DSGVO können Sie sagen: »Was, ich bin ein Kandidat für Abführmittel? Bitte aus meinem Profil herausnehmen, ich will nicht, dass Sie das speichern.« Ohne Begründung, einfach nur so. Fantastisch!

Ich weiß nicht, wie es Ihnen geht. Ich finde, dass Selbstbestimmung etwas Wunderbares ist. Die DSGVO ist die konsequente Umsetzung von digitaler Souveränität: Ihre Daten gehören Ihnen!

Das eigentliche Versagen von Facebook und Co. besteht darin, dass es erst eine europäische Datenschutzverordnung brauchte. Die gleichen Unternehmen, die sich in ihrem eigenen Marketing als besonders kundenfreundlich herausstellen, waren – sobald man hinter die Kulissen blickte – extrem kundenunfreundlich.

»Was? Sie möchten wissen, welche Daten wir gespeichert haben? Was sind Sie denn für ein merkwürdiger Vogel ...«

Das war die Einstellung. Künftig wird es lauten: *»Einmal Datenauskunft bitte? Kein Problem.«*

Im Datenschutz liegen Chancen für digitale Gewinner.

Fazit: Die DSGVO wird die digitale Revolution fördern

Das europäische Verständnis von Datenschutz wurde bis 2018 von den Akteuren des Silicon Valley vielfach als eine merkwürdige Eigenart angesehen. So ähnlich, wie es in den Asterix-Comics hieß: »Die spinnen, die Römer!« So, wie wir nicht verstehen, dass jemand in den USA keine Krankenkasse haben möchte, so verstehen die Amerikaner nicht, was uns Datenschutz bedeutet.

Ich weiß nicht, ob die Verfasser der DSGVO wirklich die Förderung von Innovation im Sinn hatten. Dennoch werden sie einen Innovationsschub auslösen:

- Verbraucher werden sensible Daten künftig nur dann in die Cloud geben, wenn sie sie einfach wieder löschen können. Danke, DSGVO!
- Junge Start-ups, die bislang daran scheiterten, dass ihre Kunden in bestehenden Ökosystemen gefangen waren, können Kundendaten einfacher transferieren. Danke, DSGVO!
- Kunden werden künftig neue Erwartungen haben. »Was, die sagen mir nicht, was mit den Daten geschieht? Das ist komisch.« Vertrauen wird ein echter Wettbewerbsvorteil. Danke, DSGVO!

Bei unserer Software lautet eine der Fragen neuer Kunden immer: »Wo liegen die Daten?« Die Antwort: »In Deutschland«. Der Gedanke, dass Daten in die USA gelangen könnten, ist für viele unserer Kunden ein Horrorszenario.

Seitdem Datenschutz und die DSGVO öffentlich diskutiert werden, haben Sie als europäisches Unternehmen Wettbewerbsvorteile! Als digitaler Gewinner profitieren Sie vom Digitalstandort Deutschland beziehungsweise Europa.

Fazit: Sie haben eine sehr gute Ausgangsposition

Mit diesem Kapitel möchte ich Ihnen Mut machen. Sie müssen nicht ins Silicon Valley gehen, denn wir können das, was das Valley nicht kann. Sie brauchen keine Milliardeninvestments und keinen Größenwahn, sondern können auf klassisch deutsche Art und Weise – mittelständisch und bodenständig – zu digitalen Gewinnern werden. Sie brauchen keine teure Unternehmensberatung engagieren, die Ihnen Buzzwords um die Ohren haut. Und lassen Sie sich nicht von Richtlinien wie der DSGVO einschüchtern.

Im nächsten Kapitel möchte ich Ihnen die wichtigsten Begriffe, die Ihnen im Bereich der Digitalisierung immer wieder begegnen, kurz erklären. Ich versuche mich dabei so einfach wie möglich auszudrücken.

Beispiele Von A wie Anwalt bis Z wie Zahnarzt – Sie können in allen Branchen zu digitalen Gewinnern werden. Ob Azubi oder Vorstand, ob Sie in einer Behörde oder im Ministerium arbeiten – Sie haben die besten Voraussetzungen, um sich, Ihr Unternehmen und Ihre Institution zu digitalen Gewinnern zu machen.

Digitalisierung
zum Mitreden

2

Ich habe Ihnen bereits im ersten Kapitel geraten: Lassen Sie sich von Buzzwords und »Digitalexperten« nicht verwirren. Eines der größten Missverständnisse im Zusammenhang mit der Digitalisierung ist, dass es um Technologie geht. Nein. Das geht es nicht! Die Technologie ist der Treiber. Mehr nicht.

Beispiel So wie die Dampfmaschine Treiber für den Übergang in die Industriegesellschaft war und das Automobil zum Treiber der Mobilität wurde. Um zu verstehen, was die Dampfmaschine bewirkt hat, müssen Sie die physikalischen Grundsätze eines Fliehkraftreglers nicht genau kennen. Und wie genau der Kolben seine oszillierende Bewegung beziehungsweise seine Rotationsbewegung ausführt, ist eher Fachwissen für Technologieexperten.

Um die Veränderungen, die die Dampfmaschine in Gang setzte, zu verstehen, müssen Sie im Grundsatz verstehen, was die Maschine tut. Ähnlich ist es auch mit der Digitalisierung. Sie müssen kein Experte in künstlicher Intelligenz sein, Sie müssen keine Token für die Blockchain entwickeln und Sie brauchen nicht zum Datenexperten mutieren.

Was für Sie vor allem wichtig ist: Dass Sie verstehen, was digitale Technologien im Wesentlichen bedeuten und welche Auswirkungen sie haben. Dazu dient dieses Kapitel. Sie erhalten einen Überblick über die wichtigsten technologischen Treiber der Digitalisierung. Dieses Verständnis hilft Ihnen, zum digitalen Gewinner zu werden.

Was ist diese Blockchain und warum ist sie so wichtig?

Die Blockchain hat die Finanzbranche in den vergangenen Jahren elektrisiert. Sie ist die technologische Basis, auf der die Kryptowährung Bitcoin gehandelt wird. Und sie wird künftig die Grundlage für unzählige neue Finanzdienstleistungen sein. Doch was ist die Blockchain eigentlich? Im Kern ist sie eine Art unveränderliches digitales Kontobuch, das (zumindest bislang) weitgehend fälschungssicher Transaktionen verzeichnet.

Ich möchte Ihnen das mit einem Beispiel erläutern. Versetzen Sie sich zurück ins Mittelalter. Sie haben für Ihr Haus zehn Kilo Silber bezahlt. Als die Kinder klein waren, war das Haus perfekt für die Familie, aber jetzt wird es zu groß. Die alten Kinderzimmer sind überflüssig, stattdessen aber benötigen Sie ein Kilo

Der Bitcoin beruht auf der Technologie der Blockchain.

Silber für die Mitgift Ihrer Tochter. Zu dem Zeitpunkt gibt es noch keine Bank, keine Notare und kein Grundbuch. Sie möchten Ihr Haus nicht verkaufen, aber auch keinen Kredit aufnehmen. Was tun Sie? Sie verkaufen ein Zehntel Ihres Besitzes.

Ihr Nachbar lässt sich darauf ein, Ihnen für das Eigentum an einem alten Kinderzimmer ein Kilo Silber zu geben. Er möchte darin eine Werkstatt einrichten. Weil Sie in Ihrem Haus noch in

Ruhe leben möchten, regeln Sie in dem Vertrag folgendes: Der neue Besitzer des Kinderzimmers darf dieses nur von 6 bis 18 Uhr nutzen, er darf nicht länger als eine Stunde am Stück sägen und Hämmern auf Steinen bedarf Ihrer besonderen Genehmigung. Damit alles seine Ordnung hat, besiegeln Sie alles in einem Vertrag.

Heute würden Sie den Vertrag vor einem Notar besiegeln, Sie tragen den neuen Mitbesitzer ins Grundbuch ein und lassen sich Geld per Bank überweisen. Doch damals? Alle drei Institutionen waren nicht da. Was nun? Sie können einen normalen Vertrag machen. Doch dann besteht immer die Gefahr, dass eine Seite sagt: »Das haben wir so nie vereinbart. Die Version des Vertrages, die mein Partner hat, stimmt nicht. Meine Unterschrift wurde gefälscht.« Sie sagen vielleicht irgendwann: »Ein Kilo Silber für die dauerhafte Nutzung des Kinderzimmers als Werkstatt, das ist in Ordnung, aber von einem Mitbesitz war nie die Rede.« Und als das Silber ausbleibt sagt Ihr Partner: »Wieso, das habe ich Dir doch gestern in einer braunen Ledertasche gegeben.« Was bleibt Ihnen in einer Welt ohne Notar, ohne Grundbuch und ohne Bank? Sie brauchen Zeugen.

Die Blockchain ist wie eine Ansammlung unabhängiger Zeugen

Sie berufen eine Dorfversammlung ein, machen den Vertrag öffentlich und hinterlegen jeweils ein Exemplar beim Bäcker, beim Fleischer, beim Gastwirt und beim Bauern. Damit die vier keine gemeinsame Sache gegen Sie machen können, hinterlegen Sie noch fünf weitere Exemplare bei Menschen, die weit weg wohnen und die weder den Bauern noch den Metzger noch die anderen kennen. Jedes Mal, wenn sich an den Verträgen etwas ändert, wird ein Anhang geschrieben, der auf die gleiche Art und Weise verteilt wird.

Was Sie jetzt haben, ist eine analoge Blockchain. Ein unveränderlicher Datensatz über Wertverschiebungen und Vereinbarungen – dezentral hinterlegt. Wenn Sie und Ihr Geschäftspartner aneinandergeraten, können Sie sofort das Originaldokument mit allen Änderungen bei zehn anderen Personen wiederfinden. Diese zehn anderen können vor einem Gericht aussagen, wann sie das Dokument entgegengenommen haben, wann es verändert wurde und wie Sie es aufbewahrt haben. Sollte der Bäcker zwischenzeitlich auf die Idee gekommen sein, für sich selbst in den Vertrag einige vorteilhafte Regelungen hineinzuschreiben, gibt es immer noch die neun anderen Zeugen, die die Originalverträge in ihrem Besitz haben.

Das, was ich Ihnen gerade beschrieben habe, ist das Prinzip der Blockchain. Beziehungsweise die analoge Version davon. Eine unveränderliche Dokumentation über Wertbesitz und Wertverschiebungen.

Sie müssen die technischen Grundlagen der Blockchain nicht zwingend verstehen. Wichtig ist, dass Sie das Prinzip dahinter verstehen. Offen gesagt habe ich auch keine Ahnung davon, mit welchen Verfahren meine Bank aktuell dafür sorgt, dass mein Kontostand nicht morgen bei minus 1.000.000 Euro ist, obwohl ich gestern noch im Plus war und nichts getan habe. Ich weiß nicht genau, wie eine Bank es schafft, auch heute noch einen Kontoauszug von 1979 zu finden. Ich weiß nur eines: Wenn ich vorhabe, einen Kontoauszug von 1979 zu verändern, wird das verdammt schwer. Genauso ist es mit der Blockchain.

Beispiel Welche Rolle haben der Notar, das Grundbuchamt und die Bank? Sie sind Garanten dafür, dass eine Absprache in einer bestimmten Art und Weise getroffen wurde. Die dokumentieren, dass Besitz aufgeteilt beziehungsweise übergeben wurde und dass ein bestimmter Wert zwischen zwei Parteien verschoben wurde.

Wenn Ihre Enkel mit den Enkeln Ihrer Vertragspartner in Streit geraten, weil plötzlich rund um die Uhr laute Steinmetzarbeiten im Hobbyraum stattfinden, können Sie die vereinbarten Vertragsbedingungen rechtlich durchsetzen.

Genau diesen Vorteil bietet auch eine Blockchain. Die Experten dieser Technologie sprechen häufig von »Code is law«, übersetzt »Programmiercode ist Gesetz«.

Genau das ist das Ziel einer Blockchain. Absprachen beziehungsweise Wertverschiebungen zwischen Menschen oder Unternehmen so rechtssicher zu dokumentieren, dass Ansprüche eingeklagt werden können.

So ähnlich wie in meinem Beispiel muss vor Gericht nur noch geklärt werden, ob die Blockchain ordnungsgemäß funktioniert hat und ob wirklich alle Kopien der Absprache auf allen Servern dezentral auf der Welt abgelegt wurden. Im Prinzip muss geklärt werden, ob das Konto ordnungsgemäß geführt wurde. Die Blockchain ist damit Chance und Gefahr zugleich.

Die Blockchain als »Waffe« gegen Bürokratie

Vieles, was bisher sehr aufwendig zu dokumentieren war, kann mithilfe der Blockchain sehr schnell geregelt werden.

Beispiel Sie möchten einen Frachtcontainer von Ort A nach Ort B bringen. Dieser Container muss zunächst zwei Grenzen auf einem LKW überqueren, wird dann auf einen Frachter verladen, zwischendurch in einem anderen Land umgeladen und schließlich in einem europäischen Seehafen auf die Bahn verladen. Die letzten Meter zu Ihnen wird der Container per LKW geliefert.

Überlegen Sie, wie viele Institutionen aktuell daran beteiligt sind, die genauen vertraglichen Verhältnisse zwischen allen Beteiligten zu dokumentieren: Der Hersteller, der Händler, der Transporteur, der Zoll, der Makler und viele mehr. Je mehr Beteiligte, desto größer der Aktenberg: Unterschiedliche Dienstleister auf unterschiedlichen Seiten der Grenze, Zollsätze, Einfuhr- und Ausfuhrgenehmigungen et cetera. Genau hier kommt die Blockchain ins Spiel. Denn letztlich sind all die Zollpapiere und Formalitäten nichts weiter als die Dokumentation von Werttransfer. Eine bestimmte Ware überschreitet eine Grenze; daran möchte der Staat, über dessen Grenze es geht, gerne etwas mitverdienen. Den Transport auf den Straßen eines bestimmten Landes übernimmt ein anderes Logistikunternehmen, dafür erhält es einen anderen Betrag als das Unternehmen im ersten Land. Und so weiter. Tausende von Fragen kommen auf: Ist wirklich die gesamte Ware angekommen, die an der Grenze in Empfang genommen wurde? In welchem Zustand war die Ware? Gibt es irgendwelche Sonderabsprachen?

Die Blockchain ist in der Lage, alle Prozessschritte zu dokumentieren und zu sichern. Im Falle eines Rechtsstreits müssen keine Papierakten in mehreren Ländern angefordert werden, sondern es genügt ein einfacher Blick in die in der Blockchain hinterlegten Daten. Die Blockchain macht dadurch vieles schneller und einfacher.

Beispiel Blockchain in der Logistik

Die Reederei Maersk gehört zu den Blockchain-Vorreitern. Als eines der ersten Unternehmen der Branche hat Maersk zusammen mit IBM einen Blockchain-Piloten durchgeführt. Container mit Blumen aus Kenia, Orangen aus Kalifornien und Ananas aus Kolumbien wurden auf dem Weg nach Rotterdam mithilfe der Blockchain nachverfolgt. Im August 2018 kündigten Maersk und IBM den Start von TradeLens an, einem globalen Netzwerk von Spediteuren, Reedereien, Häfen und Zollbehörden. Mehr als zwanzig Hafenbetreiber, unter anderem in Singapur, Hongkong, Rotterdam, Bilbao und Philadelphia, beteiligen sich an dem Projekt zusammen mit Logistikunternehmen wie Hamburg Süd und Pacific International Lines.

Die Blockchain als Technologie eines Logistik-Ökosystems.

In der Pressemitteilung heißt es: »TradeLens schafft die Grundlage für digitale Lieferketten und befähigt mehrere Handelspartner zur Zusammenarbeit, indem sie eine gemeinsame Sicht auf eine Transaktion einrichten, ohne Details, Datenschutz oder Vertraulichkeit zu beeinträchtigen. Verlader, Reedereien, Spediteure, Hafen- und Terminalbetreiber, Binnenschifffahrt und Zollbehörden können durch den Echtzeitzugriff auf Schiffsdaten und Frachtdokumente, einschließlich IoT- und Sensordaten von der Temperaturkontrolle bis zum Containergewicht, effizienter interagieren.«

Die Blockchain in der Finanzindustrie

Überlegen Sie kurz, wie komplex, langsam und fehleranfällig Überweisungen sind. Sie erhalten eine Rechnung, öffnen Ihr Onlinebanking, schreiben IBAN, Kundennummer, Rechnungsnummer und Betrag ab, kontrollieren zweihundert Mal ob es einen Schreibfehler gibt und überweisen dann. Der Zahlungsempfänger hat das Geld frühestens morgen auf dem Konto. Wenn Sie international überweisen und es zufällig gerade Freitag ist, kann es bis zu fünf Tagen dauern. Und dafür zahlen Sie im schlimmsten Fall auch noch hohe Gebühren.

Beispiel Unternehmen wie *ripple.com* und *stellar.org* wollen das ändern und bauen weltweite Zahlungsstrukturen auf Basis der Blockchain auf. Auf der Webseite von Ripple heißt es: »In einer Welt, in der drei Milliarden Menschen online verbunden sind, Autos selbst fahren und Geräte kommunizieren können, stecken globale Zahlungen immer noch in der Disco-Ära fest. Warum? Die Zahlungsinfrastruktur wurde vor dem Internet mit wenigen Updates aufgebaut.« Die Vision: Werte sollen so einfach transferiert werden können wie heute Informationen.

Das sogenannte Internet der Werte soll es ermöglichen, Werte ohne klassische Überweisungen in Echtzeit zu transferieren und damit der Echtzeit-Ökonomie gerecht zu werden.

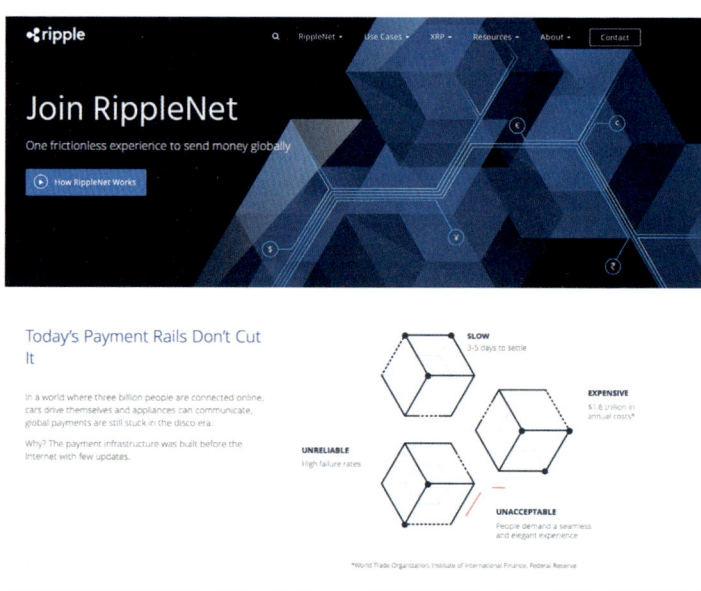

Die Webseite von RippleNet.

RippleNet konnte Stand Anfang 2019 insgesamt zweihundert Unternehmenskunden gewinnen, darunter die Nationalbank von Kuwait.

Mithilfe der Blockchain-Technologie können Nutzer rechtssicher Geld transferieren, ohne dabei das Zahlungssystem einer Bank zu nutzen. Trotzdem ist dokumentiert, dass der Werttransfer stattgefunden hat. Unternehmensanteile können vergeben werden, ohne dass dafür der offizielle Aktienmarkt genutzt wird. Und Verträge können geschlossen werden, ohne dafür Papier zu nutzen.

Wie die Blockchain die Immobilienbranche revolutioniert

Besitzen Sie ein Haus, eine Eigentumswohnung oder Land? Dann haben Sie den Albtraum einer Grundbucheintragung bereits hinter sich. Lang, bürokratisch, teuer. Das ist der Grund, warum Indien stark nach vorne prescht.

Beispiel Indiens Premierminister Narendra Modi macht Druck und ruft sein Land dazu auf, sich schnell an diese neue Technologie anzupassen. Der indische Staat Andhra Pradesh hat bereits 2017 erste Pilotprojekte abgeschlossen, in denen Grundbücher in der Blockchain abgebildet wurden. Die Region fördert die Entwicklung von Anwendungen über das Fintech Valley VIZAG. Auch Schweden und Georgien sind dabei, ihr Landregister auf die Technologie umzustellen.

Das Potenzial dahinter: Immobilien oder Immobilienanteile könnten im Prinzip auf Knopfdruck verkauft werden. Jede Form der Immobiliennutzung kann ebenfalls in Form von sogenannten Smart Contracts abgebildet werden.

Was sind Tokens? Und lässt sich ein Haus einfach »tokenizen«?

»Tokenizing« wird eines der digitalen Buzzwords der Zukunft. Vom Unternehmensanteil bis zu Omas Haus – überall werden virtuelle Tokens eine Rolle spielen. Virtuelle Tokens sind vom Grundsatz her mit Spielchips im Casino vergleichbar. Sie repräsentieren einen bestimmten Wert, der innerhalb eines bestimmten Systems eingetauscht werden kann: Gegen Geld, gegen Waren oder Dienstleistungen. Mit einem Spielchip können Sie spielen, aber in bestimmten Casinos auch Ihre Barrechnung zahlen.

Tokens sind wie Spielchips im Casino – nur intelligenter.

Virtuelle Tokens gehen noch einen Schritt weiter: Sie sind so etwas wie ein intelligenter Genussgutschein. Sie erhalten ein bestimmtes Recht, das mit bestimmten Bedingungen versehen ist. Stellen Sie sich vor, Sie besitzen einen Gutschein für eine Tasse Kaffee im Bordbistro der Deutschen Bahn. Als Bedingung ist festgehalten, dass der Gutschein nur wochentags zwischen 10 und 14 Uhr in einem ICE gültig ist, der mindestens zehn Minuten Verspätung hat. Ein Token kann solche Bedingungen digital abbilden und wird damit zum sogenannten Smart Contract. Der Vorteil des Digitalen: Niemand muss auf die Uhr schauen. Die Tatsache, dass der Zug Verspätung hat, wird automatisch überprüft. Mit einem Token können Sie im Prinzip jedes Genussrecht digitalisieren, was Sie sich vorstellen können: Finanzielle Werte, Anteile an Eigentum, Kredite et cetera.

Jetzt werden Sie denken: Tokens, das ist doch so was wie Bitcoin und der ganze Kram. Ist das nicht out? Nein.

2018 war zwar das Jahr, in dem der Bitcoin abstürzte. Und es war das Jahr, in dem sich virtuelle Börsengänge auf Basis von Kryptowährungen, sogenannte ICOs (Initial Coin Offerings), zum

Teil als hanebüchene Betrugsfälle entpuppt haben. »Start-ups«
sammelten Geld von begeisterten Krypto-Investoren ein. Dabei
bestand die einzige unternehmerische Aktivität der »Gründer« im
Abzocken.

Beispiel Der Blog *The Financial Telegram* hat ausgerechnet, dass
mehr als 1,6 Milliarden Dollar an Investitionsvolumen betrügerischen
Projekten zugeordnet werden konnten. Einer der spektakulärsten
Betrugsfälle wurde durch einen Nutzer bei Reddit ins Rollen gebracht, der
Fotos von den leeren Büroräumen eines Unternehmens veröffentlichte,
das gerade 60 Millionen Dollar eingesammelt hatte. Das deutsche
Unternehmen Savedroid verkündete im April 2018, dass es mit seinen
Investorengeldern auf Nimmerwiedersehen verschwindet, ließ aber
anschließend verkünden, es sei nur ein PR-Gag gewesen.

Kryptowährungen und ICOs, das schien zu Beginn wie das Rotlichtviertel des Internets

Ist der Höhenflug deshalb vorbei? Nein. Er hat gerade erst begonnen. Es ist gut, dass der Bitcoin abstürzte. Denn er war zur
Spekulationsblase geworden. Wer schnelles Geld suchte und ganz
einfach Gewinne machen wollte, war vom Bitcoin magisch angezogen. Jetzt kehrt wieder Normalität ein. Kryptowährungen werden nicht nur als spekulatives Investment angesehen, sondern als
das, was sie sind: ein solides intelligentes Währungssystem für
die Zukunft.

Der Bitcoin wird klassische Währungen nicht ersetzen, sondern
beispielsweise eine Verrechnungseinheit für Dienstleistungen
werden, die bislang entweder bar abgewickelt wurden oder nur

schwer bezahlbar waren. Nehmen Sie zum Beispiel einen Ideen-
wettbewerb zur Nutzung von Schwarmintelligenz: Der Beitrag
eines jeden Einzelnen zu einer Idee, der häufig nur aus einer An-
regung bestand, konnte bislang schwer entlohnt werden. Wenn
zwanzig Kreative aus zehn verschiedenen Ländern an einer Idee
mitarbeiten, ist die anschließende Abrechnung in Form von klassischer Rechnungsstellung, der Verrechnung der Umsatzsteuer
und manueller Überweisung von Kleinstbeträgen eine Katastro-
phe. Social Collaboration wird erst durch virtuelle Währungen wie
den Bitcoin wirklich möglich.

Rätselhaft: Warum fallen normale Menschen auf ICO-Betrug herein?

Stellen Sie sich vor, jemand spricht Sie auf der Straße an. »Ich
habe eine tolle Geschäftsidee zu einer megawahnsinnig tollen
Internetplattform, einem revolutionären neuen Marktplatz. Ich
habe es sogar geschafft, ein paar Seiten dazu zu schreiben. Wir
werden das neue Google!«

Jetzt mal im Ernst: Würden Sie darin investieren? Ohne, dass es ein
Produkt gibt? Ohne dass sich die Idee in irgendeiner Form bewiesen hat? Das einzige Versprechen: Sie bekommen einen Gutschein
zum Sonderpreis, mit dem Sie auf der neuen tollen Internetplattform aktiv werden können. Das ist so, als würde Ihnen jemand
im Rotlichtmilieu sagen: »Ich mache eine neue Bar auf. Ich habe
weder ein Grundstück noch eine Baugenehmigung und eigentlich
auch noch nie eine Bar betrieben. Wenn Sie mir aber jetzt Ihr Geld
geben, erhalten Sie zehn Getränke zum halben Preis.«

In der Phase eines Hypes verfliegt der normale Menschenverstand schnell. Wenn alle Besucher des Rotlichtviertels dem virtuellen Barbetreiber die Tür einrennen und aus unerklärlichen Gründen Schlange stehen um ihr Geld los zu werden – vielleicht würden Sie es dann sogar auch tun. So haben ICOs zu Beginn teilweise funktioniert. Mithilfe der Blockchain wurde eine virtuelle Währung kreiert, die an Investoren ausgegeben wurde. Die Tatsache, dass die Währungen einen coolen Namen hatten, neue Technologien im Spiel waren und alle Anhänger der Kryptoszene auf diese Art von Geschäftsmodellen flogen, sorgte für den bekannten Effekt der kollektiven Gehirnabschaltung.

Die Zukunft gehört Security Tokens

Die Krypto-Szene lernt in atemberaubender Geschwindigkeit dazu. STOs sind das neue Zauberwort. Wie der Name Security Token Offering bereits sagt, steht im Hintergrund eine Sicherheit. Es ist so, als würde der künftige Barbetreiber zu Ihnen sagen: »Das Haus habe ich bereits und Sie erhalten einen Anspruch auf ein Prozent des Werts als Sicherheit.«

STOs werden – so die gängigen Prognosen von allen Experten, mit denen ich das Thema diskutiert habe – ICOs künftig ablösen.

Beispiel Untrügliche Anzeichen dafür sind, dass seriöse Bankinstitute wie die Volksbank Mittweida die Abwicklung solcher Transaktionen (das »Tokenizing«) durch Geschäftskonten unterstützen, und dass Anwälte wie der promovierte Währungsexperte Dr. Wolfgang Richter Unternehmen dabei bestärken, Security Token Offerings seriös und rechtssicher durchzuführen. Mit Neufund ist in Berlin eine Plattform für diese Anlageformen an den Start gegangen, die die visionären Ideen der Kryptoszene mit deutscher Gründlichkeit und Rechtssicherheit verbindet.

In Zukunft können Sie mit STOs auch Omas Haus in Tokens verwandeln. Sie nehmen einen Teil des Werts und generieren virtuelle Anteile. In Buzzword-Sprache ausgedrückt: Sie »tokenizen« das Haus. Diese Token können Sie dann an Investoren herausgeben, die entweder einen Teil der Mieteinnahmen erhalten oder an der Wertsteigerung partizipieren.

Wie funktioniert künstliche Intelligenz?

Starten wir mit einem Rätsel: Es ist braun, hat zwei lange Ohren und trägt einen Korb mit Eiern auf dem Rücken. Was ist das? Sie sagen: »Der Osterhase!« Ich frage weiter: »Mit welcher Wahrscheinlichkeit?« Sie sagen: »Naja, 60 Prozent. Es könnte sich auch um einen Menschen handeln, der ein Karnevalskostüm angezogen hat.«

Was unterscheidet den Osterhasen von einem Menschen im Osterhasenkostüm? Sie denken kurz nach. »Die Art, sich zu bewegen.« Wenn ich Ihnen sage: »Das braune Objekt mit zwei langen Ohren und einem Korb voller Eier auf dem Rücken bewegt sich hüpfend vorwärts.« Ist es dann wahrscheinlicher, dass es der Osterhase ist, als ein Mensch im Karnevalskostüm? »Ja.« Um wie viel Prozent wahrscheinlicher? »Vorher 60 Prozent Osterhase, anschließend 90 Prozent.«

Herzlichen Glückwunsch! Sie haben die Grundlagen künstlicher Intelligenz verstanden! Künstliche Intelligenz ist letztlich nichts weiter als eine Wahrscheinlichkeitsrechnung. Wenn Sie Ihr Smartphone bei einem Karnevalsumzug auf einen Menschen im Hasenkostüm halten, kann Ihr Telefon nicht wirklich erkennen, was

Echter oder falscher Hase? KI kann es errechnen.

es vor sich hat. Es kann nur all das berechnen, was es messen kann: Farbe, Formen, Bewegungsmuster. In der Praxis ist das natürlich deutlich komplexer, aber die Grundlage dafür ist genau das. In welchem Farbraum bewegt sich das Fell eines Hasen? Welche Farben haben Eier? Tritt die Kombination braun im Bereich des Hauptkörpers und schwarz im Bereich der Eier im Korb auf, ist es mit hoher Wahrscheinlichkeit kein Osterhase. Außer, die Eier wurden schwarz angemalt. Wie wahrscheinlich das ist, muss eine künstliche Intelligenz erst noch lernen.

Machine Learning bei Osterhasen

Das ist das, was allgemein als »Machine Learning« bezeichnet wird. Sie halten Ihr Smartphone eintausend Mal auf Osterhasen. Jedes Mal geben Sie das Feedback, ob es sich um einen Osterhasen oder etwas anderes handelt. Jetzt lernt der Algorithmus, ob Osterhasen nicht nur weiße, sondern auch schwarze Eier transportieren. In der Fachsprache wird von »Models« und »Features« gesprochen.

Was ist ein Feature beziehungsweise eine Eigenschaft? Ein Merkmal, anhand dessen die Eigenschaft von etwas bestimmt werden kann. Das Schild einer Sackgasse zum Beispiel. Es besteht aus Farben und Formen. Farbe Blau für den Hintergrund, dazu zwei Rechtecke, eines in Weiß und eines in Rot. Unterscheidungsfähige Merkmale sind:

1. Farbe: Taucht Grün im Schild auf, ist es eher unwahrscheinlich, dass es sich um ein Sackgassenverkehrsschild handelt.
2. Flächenverteilung: Achtzig Prozent Weiß, fünfzehn Prozent Rot und fünf Prozent Blau. Mit hoher Wahrscheinlichkeit kein Schild für eine Sackgasse.
3. Anzahl des Vorkommens bestimmter Formen: Drei Rechtecke im Bild? Mit hoher Wahrscheinlichkeit kein Schild für eine Sackgasse.

Wichtig ist: Die Eigenschaften müssen voneinander unterscheidbar sein. Und sie müssen gemessen werden können. Gemessen werden können zum Beispiel Helligkeiten, Farben, Aktivitätszustände (Ein, Aus, Drehzahl et cetera), Zeiten (Inbetriebnahme, Pause, Außerbetriebnahme) und Bedienung (Wann hat wer welchen Knopf gedrückt?).

Eine künstliche Intelligenz kann erst dann die Wahrscheinlichkeit berechnen, ob beispielsweise eine Maschine kaputt ist, wenn es genügend Messwerte für einen »Normalzustand« gibt.

Dabei wird ein Modell künstlicher Intelligenz besser, je mehr klar voneinander unterscheidbare Messwerte es gibt. Fünf Geräusche an fünf verschiedenen Stellen aufzunehmen ist besser als das Geräusch einer Maschine durch ein einziges Mikrofon oberhalb der Maschine aufzunehmen und auszuwerten.

Der Kern von künstlicher Intelligenz: Das Modell

Welche unterscheidbaren Eigenschaften benötigen Sie, um die Entscheidung »Osterhase oder nicht?« zu treffen? Natürlich können Sie jetzt dreißigtausend verschiedene Eigenschaften aufzählen: Augenfarbe, Länge der Fußnägel, Struktur des Fells, Nasenform et cetera. Doch mit jeder neuen Eigenschaft brauchen Sie mehr Rechenleistung.

Schließlich muss der Algorithmus über jede Eigenschaft etwas dazulernen. Unterschiedliche Eigenschaften so zusammenzustellen, dass sie das gewünschte Objekt abbilden, wird »Modell« genannt. Die Kunst eines guten Modells besteht darin, möglichst wenige eindeutige Eigenschaften zu definieren, die in ihrer Kombination unterscheidbar sind und die einen Rückschluss darauf zulassen, mit welcher Wahrscheinlichkeit es sich um ein bestimmtes Objekt handelt.

Auf diese Art und Weise wird im Bereich der künstlichen Intelligenz alles heruntergebrochen: Ob Sprachanalyse, Bilderkennung oder die Berechnung der Wahrscheinlichkeit wie ein Gerichtsurteil ausfallen wird – jedes Modell setzt voraus, dass ein Set von Eigenschaften gefunden wird, die messbar sind und sich innerhalb eines bestimmten Spektrums bewegen.

Wie kann künstliche Intelligenz die Strafe für einen Diebstahl vorhersagen?

Nehmen wir als Beispiel einen Diebstahl. Gemäß § 242 des deutschen Strafgesetzbuchs folgendermaßen definiert: »Wer eine fremde bewegliche Sache einem anderen in der Absicht wegnimmt, die Sache sich oder einem Dritten rechtswidrig zuzueignen, wird mit

Freiheitsstrafe bis zu fünf Jahren oder mit Geldstrafe bestraft.« Doch wie hoch fällt eine individuelle Strafe aus? Nehmen wir an, Sie wollen ein Vorhersagemodell entwickeln. Mit diesem Modell wollen Sie alle verfügbaren Urteile zum Diebstahl auswerten.

Wie hoch wird die Strafe? Eine KI kann es errechnen.

Im ersten Schritt definieren Sie Eigenschaften. Eine kann die Höhe des gestohlenen Guts sein. Eine weitere kann sein, inwieweit ein Täter vorbestraft ist. Und ein drittes Merkmal könnte sein, wie hoch der Schaden ist, den ein Täter verursacht hat. Ob man einem reichen Menschen 1.000 Euro stiehlt und dieser es zufällig bemerkt, als er die Portokasse öffnet, oder ob jemand einer älteren Dame die Existenz raubt, weil die 1.000 Euro ihr letzter Notgroschen waren, ist ein gewaltiger Unterschied.

Schon haben Sie drei unterscheidbare Merkmale. Anhand dieser drei können Sie bereits ein Modell entwickeln, das die Schwere eines Diebstahls misst. Jetzt füttern Sie dieses Modell mit den entsprechenden Urteilen und schon können Sie eine Aussage darüber treffen, wie hoch bei einer bestimmten Straftat wahrscheinlich die Strafe sein wird. Je mehr Urteile Sie eingeben, desto besser ist Ihr Modell in der Lage, eine Vorhersage zu treffen. In der Fachsprache spricht man davon, ein Modell zu trainieren.

Eine künstliche Intelligenz wird Ihnen ein zu erwartendes Strafmaß niemals zu einhundert Prozent genau vorhersagen. Sie ist aber in der Lage, bestimmte Wahrscheinlichkeiten zu berechnen.

Stellen Sie in dem Modell fest, dass es nicht logisch ist, das heißt, dass sich aufgrund der von Ihnen eingegebenen Eigenschaften und denen des Modells keine Aussage über die Höhe des zu erwartenden Strafmaßes fällen lässt, überlegen Sie, welche weiteren Merkmale eine Rolle spielen könnten. Hier ist Kreativität gefragt. Es können Bundesländer sein, das Verhalten des Angeklagten vor Gericht, die Erfahrung des Verteidigers oder die Urteile eines Richters in vergleichbaren Fällen. Jetzt wird es ein bisschen komplexer. Sie können dazu ein zweites Modell entwickeln, das die »Härte« von Richtern misst und dieses Härte-Modell in Ihr Straftaten-Prognosemodell einfließen lassen.

Künstliche Intelligenz ist – jenseits der vielen Buzzwords – im Kern einfach zu verstehen. Denn letztlich tut die künstliche Intelligenz an dieser Stelle nichts, was wir Menschen mit natürlicher Intelligenz nicht auch tun.

Beispiel »Bekomme ich dieses Jahr etwas vom Nikolaus?«, fragt ein Kind. »Nur, wenn Du artig bist. Das ist bei allen Kindern so.« Nun müssen Sie die Begriffe »etwas«, »artig« und »alle« definieren. Und eine Logik entwickeln, nach der die KI Muster zwischen dem Verhalten von Kindern und der Größe des Nikolausgeschenks herausarbeiten kann.

Die Logik ist genau die gleiche wie bei der Unterscheidung von Osterhase und Faschingskostüm. Und sobald Sie das Modell gebaut haben, können Sie Ihrem Kind antworten: »Frag deinen Computer! Der weiß sowieso alles besser.«

Das Internet der Dinge (Zahnbürsten, Kühlschränke, Autos)

Während Sie diese Zeilen lesen, könnten Sie auch Ihrem Joghurt beim Rechtsdrehen zuschauen. Dazu müssten Sie nicht einmal das Sofa verlassen. Eine FridgeCam (gibt es von diversen Anbietern im Internet) und eine ultracoole Fridge Watchers App (gibt es dazu) machen es möglich. Je nachdem, ob Sie ein geduldiger Mensch sind, könnte das möglicherweise für eine gelungene Abendunterhaltung sorgen.

Oder Sie könnten Ihrem Dackel Bewegungssensoren an die Beine und einen GPS Locator ans Halsband montieren. Und sich dann eine interaktive Karte über seine Lieblingsschnupperplätze und seine favorisierten Laternenmasten erstellen. Wenn Sie den Laternenmast mit einer künstlichen Intelligenz (Objekterkennung) ausstatten, können Sie berechnen lassen, mit welcher Wahrscheinlichkeit ein bestimmter Hund heute Abend einen Laternenmast ansteuern wird. Und natürlich könnten Sie Ihre Kaffeetasse mit Temperatursensoren ausstatten und ein Alarmsystem einrichten, das Sie automatisch davor warnt, zu heißen Kaffee zu trinken.

Gut, man könnte den Joghurt auch einfach essen, mit dem Dackel Gassi gehen und die Hitze des Kaffees altmodisch danach beurteilen, ob er dampft oder nicht. Doch wir leben im digitalen Zeitalter. Willkommen im Internet der Dinge!

Technologisch gesehen können Sie heute bereits alles mit allem verbinden

Sie können den Benzintank in Ihrem Auto mit Ihrer Zahnbürste verbinden, sodass Sie jedes Mal kurz vor Abschluss des Zähneputzens eine Meldung darüber erhalten, wie voll der Tank noch ist. Sie könnten Ihrem Arbeitgeber Daten über den Feuchtigkeitszustand Ihres Rasens zu Hause übermitteln. Und dem Kindergarten automatisch Ihren wöchentlichen Stromverbrauch melden.

Alles kann miteinander verbunden werden.

Beispiel

- Die Kartoffeln im Keller? Können Daten über Kellerfeuchtigkeit, Lichtverhältnisse und Keimungszustand senden.
- Ihre Matratze? Datenlieferant über Ihr Schlafverhalten. Wie oft haben Sie sich nachts umgedreht? Schnarchen Sie? Wie lange schlafen Sie?
- Ein Strohhalm? Ausgestattet mit den richtigen Sensoren ein wertvoller Datenlieferant über die Temperatur der Getränke, die Sie zu sich nehmen, Ihre Saugstärke und Ihre Trinkhäufigkeit.

Im Internet der Dinge gibt es nichts, was technologisch nicht möglich ist. Alles kann mit allem verbunden werden. Alles, wirklich alles, kann Daten senden.

Sie ahnen vielleicht, worauf ich hinauswill. Die meisten dieser Anwendungsfälle sind vor allem eines: Schwachsinn. Was wir gerade erleben, ist technologiegetriebene Innovation. Potenzielle Lösungen suchen ihren Anwendungsfall. Nirgendwo trifft das so sehr zu wie im sogenannten Internet der Dinge.

Vielleicht erinnern Sie sich noch an die grauen Urzeiten: 2015. Da waren weltweit »erst« fünfzehn Milliarden Dinge mit dem Internet verbunden. 2020 sollen es laut Statista schon mehr als dreißig Milliarden sein. Im Jahr 2025 mehr als fünfundsiebzig Milliarden. Und die Zahl wird weiter wachsen. Sensoren werden günstiger, die Übertragungstechnologie ist vorhanden und Datenverarbeitung weltweit überall möglich.

Digitale Gewinner suchen nach nützlichen Anwendungsfällen

Digitale Gewinner zeichnen sich dadurch aus, dass sie alle möglichen Anwendungsszenarien im Kopf durchspielen und überlegen, ob diese sinnvoll sind oder nicht. Macht es Sinn, einen Service für vernetzte Dackel anzubieten? Vielleicht, allerdings wahrscheinlich nicht mit dem Anwendungsfall der interaktiven Pinkelkarte, sondern vielleicht mit anderen. Den Dackelfinder für verschwundene Hunde, den automatischen Pfiff beim Verlassen des angestammten Reviers, eine interaktive Karte über den Standort von Dackels größten Feinden. Was immer sinnvoll ist, kann Nutzer finden.

Klingt ungewöhnlich? Noch. Vor einigen Jahren war es schwer vorstellbar, alles zu tracken. Heute tracken wir wie selbstverständlich unsere Kinder, um zu sehen, wo sie sich gerade aufhalten, am Koffer ist ein GPS-Tracker befestigt und auch unser Fahrrad lässt sich mithilfe eines Trackers leicht auffinden. Vielleicht werden Sie in zehn Jahren als verantwortungsloser Dackelbesitzer gebrandmarkt, weil Sie die Vitaldaten Ihres Vierbeiners nicht ständig überwachen lassen: Herzschlag, Schweiß, aktuelle Blutwerte. Aus heutiger Sicht unvorstellbar. Doch war es noch vor gut einem Jahrzehnt unvorstellbar, dass wir alle wie Zombies mit dem Smartphone durch die Gegend rennen, die Umwelt um uns herum ausblenden und Gespräche mit fremden Menschen schon fast als tätlicher Angriff gewertet werden. »Hilfe! Da sucht jemand persönlichen Kontakt!«

Digitale Gewinner schließen nichts aus. Sie überlegen, inwieweit etwas Sinn machen könnte. Doch wie unterscheidet man sinnvolle und sinnlose Anwendungsfälle voneinander? Bereits vor einigen

Jahren habe ich dazu eine Formel entwickelt: die ZAUBER-Formel. Denn auch in der digitalen Welt gilt kaum etwas anderes als in der analogen: Menschen nutzen Dinge erst, wenn sie für sie sinnvoll sind. Deshalb hat sich eine Gabel mit nur einem Zacken auch nicht durchgesetzt. Effizienter in der Herstellung, weniger Lagerfläche, aber leider unpraktisch beim Essen. Mit der ZAUBER-Formel können Sie systematisch Problemfelder erkunden. Im nächsten Kapitel lernen Sie sie kennen.

5G – Das mobile Internet der Zukunft

Wenn in der öffentlichen Diskussion die Rede vom Mobilfunknetz der Zukunft ist, wird häufig vom »Highspeed-Netz der Zukunft« gesprochen. Dateien können über das Smartphone beziehungsweise einen Laptop mit Internetanschluss noch schneller heruntergeladen werden, Netflix und Co. laufen immer und überall ruckelfrei. Doch wozu ein noch schnelleres mobiles Internet? Wurde nicht gefühlt gerade eben erst LTE eingeführt?

5G hat nichts mehr mit den Mobilfunknetzen der Vergangenheit zu tun. Im Vergleich zu dem, was Sie auf Ihrem Smartphone durch die Buchstaben E, 3G und LTE symbolisiert sehen, stellt 5G alles in den Schatten. Die öffentliche Diskussion dreht sich primär um die Geschwindigkeit. Doch die erhöhten Geschwindigkeiten sind nur ein kleiner Teil der Vorteile, die 5G bringt. In diesem Abschnitt möchte ich, dass Sie verstehen, was 5G wirklich bedeutet und warum es eine neue Stufe der Digitalisierung darstellt.

Die nächste Mobilfunkgeneration: Nicht nur schneller, sondern schlauer

Die bisherigen Mobilfunktechnologien lassen sich sehr gut mit einem Wasserrohr vergleichen.

- Die erste Generation ist ein kleiner Strohhalm, der es zulässt, einige Daten zu transportieren. Wie klein dieser Strohhalm ist, merken Sie, wenn Sie versuchen, eine Webseite aufzurufen, während auf Ihrem Smartphone der Buchstabe E angezeigt wird. Ich könnte es mit allen möglichen Fachbegriffen und Daten unterlegen, kurz gesagt: Es macht überhaupt keinen Spaß. Außer Sie lieben das Warten;
- 3G, der nächste Mobilfunkstandard, eignet sich bereits sehr gut zum Ansehen von Videos, vorausgesetzt die Dateien sind nicht hochauflösend. Aus dem Strohhalm ist eine Rohrleitung geworden, wie Sie sie bei sich zu Hause in der Wohnung auch haben;
- LTE ist der Sprung von der Rohrleitung zum unterirdischen Wasserkanal. Videos hochauflösend ansehen, Netflix und ARD/ZDF-Mediathek auf der Autobahn ansehen, hochauflösende Spiele wie Fortnite unterwegs spielen, eine 500 Megabite-Datei aus dem ICE heraus hochladen und an einen Kunden schicken, das ist LTE.

5G macht aus dem Frischwasserkanal einen reißenden Fluss. Doch das ist nicht das, was das Netz auszeichnet. 5G ist für die Anwendungen des Internets der Dinge gemacht und wird die Digitalisierung auf eine neue Stufe bringen.

Steuern Sie ein Auto in einhundertfünfzig Kilometern Entfernung

2012 und 2013 habe ich Vodafone Deutschland beim Aufbau des Vodafone Innovation Park unterstützt. Damals bereits standen viele Unternehmen vor der gleichen Herausforderung wie heute: Sie konnten sich die neuen Anwendungsfälle, die die nächste Mobilfunkgeneration bietet, nicht vorstellen. Gemeinsam mit knapp achtzig Unternehmen haben wir Anwendungsfälle vorgedacht, darunter viele, die heute wie selbstverständlich sind. Beispielsweise Sharing-Modelle: Die Möglichkeit, per Smartphone alles auf Knopfdruck auszuleihen.

Wenn Sie heute ein Fahrrad von Anbietern wie nextbike ausleihen, ist das für Sie bereits Alltag. Per App das nächste Fahrrad suchen, das Schloss über das mobile Internet öffnen und bei der Abgabe sofort die Bestätigung aufs Smartphone erhalten. Das ermöglicht LTE. Aus unserem Open-Innovation-Programm hat sich das 5G Lab von Vodafone Deutschland entwickelt. Dort können Sie heute Anwendungsfälle für 5G sehen, die als Prototypen entwickelt und gezeigt werden.

Beispiel Können Sie sich vorstellen, ein Auto mit achtzig Kilometern pro Stunde aus einer Entfernung von dreihundertfünfzig Kilometern zu steuern? In Düsseldorf steht das Fahrzeugcockpit, das Auto fährt auf einem Testplatz.

Genauso können Sie einen Kran aus mehreren hundert Kilometern Entfernung steuern. Und zwar millimetergenau. Sie sitzen in einem virtuellen Kranführercockpit und bauen ein Haus in einer anderen Stadt. Möglich machen es die drei Eigenschaften von 5G.

Geringe Latenzzeit: 5G reagiert um ein Vielfaches schneller als die bisherigen Mobilfunkstandards. Die sogenannten Latenzzeiten liegen bei bis zu einer Millisekunde. Der Vorteil liegt auf der Hand: Stellen Sie sich bitte vor, beim Autofahren müssten Sie jedes Mal knapp eine Zehntelsekunde warten, bis das Lenkrad, die Bremsen oder Ähnliches reagieren. Das würde sich nicht allzu sicher anfühlen. 5G hat eine Latenzzeit (die Zeit, in der eine Reaktion erfolgt), die unvorstellbar gering ist. So gering, dass es ein Mensch nicht mehr als Reaktionszeit bemerkt. Für Sie entsteht folgendes Gefühl: Sie steuern ein Auto mit achtzig Stundenkilometern so, als ob Sie mittendrin sitzen würden.

Datenverarbeitung vor Ort: Beim Steuern Ihres Autos haben Sie eine 360-Grad-Kamera, die alles um Sie herum genau aufzeichnet. Alle Daten werden live übertragen. Zum Autofahren brauchen Sie nicht einmal ein Cockpit, es genügt eine VR-Brille. Drehen Sie Ihren Kopf nach links, sehen Sie was links von Ihnen passiert, drehen Sie den Kopf nach rechts, können Sie wie beim normalen Autofahren alles sehen. Dass dies enorme Datenübertragungsraten erfordert, ist offensichtlich. Neu an 5G ist: Die Daten werden zum großen Teil direkt an der Sendestation bearbeitet. Das heißt:

Es werden nur die Daten zu Ihnen übertragen, die jetzt in dieser Sekunde für Sie wichtig sind. Aktuell werden Daten von der Sendestation zunächst in ein weiter entfernt liegendes Rechenzentrum übertragen und dann wieder zurück. Dies wird künftig anders sein. Und genau darin liegt die Revolution. Stellen Sie sich vor, autonom fahrende Autos beginnen miteinander zu kommunizieren. Jedes Mal müssten die Daten von einem Auto über die Sendestation in ein Rechenzentrum übertragen werden, dort werden sie verarbeitet und finden dann ihren Weg durchs Internet zurück zum anderen Auto. Diese Zeiten sind viel zu lang. Wenn die Verarbeitung der Daten direkt an der Sendestation erfolgt, sind sie nicht mehr davon abhängig, dass der Weg durchs Internet schnell funktioniert. Die Verarbeitung dieser Daten erfolgt direkt an der Sende- und Empfangsstation.

Network Slicing: Sie fahren Ihr virtuelles Auto durch die Stadt. Oder Sie liegen gerade unter dem Messer und ein Chirurg vollzieht bei Ihnen einen Eingriff, wobei er Hunderte von Kilometern entfernt ist. Plötzlich taucht das Monster auf: Ein Bus voller Schulkinder, die alle Netflix schauen. Natürlich in HD. Im Fachjargon der »Netflix-Bus«. Weg ist die Bandbreite. Ihr Auto kann die Daten nicht mehr so schnell transportieren, der Chirurg sieht nur noch verpixelte Bilder. Das ist die heutige Realität. Bei hochkomplexen Anwendungsfällen wie Autos, die miteinander kommunizieren, ferngesteuerten Fahrzeugen und Teleoperationen müssen Sie sicherstellen, dass Sie immer und unter allen Umständen die zur Verfügung stehende Bandbreite zur Verfügung haben. 5G bietet genau diese Möglichkeit: Sie können ein Netz im Netz haben. Und damit sicherheitsrelevante Applikationen sicher steuern.

5G-Anwendungsfall: Übertragung einer 360-Grad-Kamera.

5G ist der Schlüssel zu dem, was ich als Internet der Dinge beschrieben habe. Gerade für ein Industrieland wie Deutschland wird es noch einmal einen weiteren großen Sprung in der Digitalisierung bringen. Für digitale Gewinner ist es wichtig zu verstehen, was die Netze der Zukunft können. Wenn Sie beispielsweise Kräne vermieten und heute bereits das Problem haben, dass Kranführer durch den Fachkräftemangel schwer zu bekommen sind, wird Ihre künftige Wettbewerbsfähigkeit vom Einsatz der 5G-Technologie abhängen. Gerade in Branchen wie der Baubranche ist 5G damit eine wesentliche Lösung im Fachkräftemangel.

Die digitale Zukunft Ihres Jobs

3

In meinem Buch *Digitale Disruption* habe ich einen Ausblick auf die Zukunft unterschiedlicher Branchen geworfen. Wie wird sich die Automobil- beziehungsweise Mobilitätsbranche entwickeln? Welche Entwicklungen wird es für Banken und Versicherungen geben? Und was ist mit Branchen wie Bau und Gesundheit? Dies war eher ein genereller Ausblick in Richtung der Zukunft von Branchen. Doch was bedeutet das für Sie persönlich? Was ist, wenn Sie in der Produktion, im Marketing oder im Vertrieb tätig sind? Wie wird sich Ihr Job verändern, wenn Sie in der Geschäftsführung oder im Management eines Unternehmens tätig sind?

Die Antworten finden Sie in diesem Kapitel. Sie stammen einerseits aus unzähligen Studien, die ich zum Thema ausgewertet habe, Zum anderen aber – und das ist die deutlich wichtigere Quelle – aus Hunderten von Gesprächen, die ich am Rande meiner Vorträge und Keynotes sowie mit unseren Kunden geführt habe. Ich habe das Glück, dass ich im Rahmen meiner Tätigkeit stets mit den Menschen zu tun habe, die sich intensiv Gedanken über die Zukunft von Unternehmen, über künftige Produkte und Dienstleistungen sowie über Organisationsstrukturen und künftige Jobprofile machen.

Viele meiner Gesprächspartner haben einen internationalen Vergleich, da sie in mehreren Ländern tätig sind.

Wie sich unterschiedliche Jobprofile in den kommenden Jahren entwickeln, lässt sich mit einer hohen Wahrscheinlichkeit sehr gut vorhersagen. Auch lassen sich Muster erkennen, welche Tätigkeitsprofile in den kommenden Jahren verstärkt durch Algorithmen ersetzt werden.

Dieses Kapitel beginnt zunächst mit einigen Fragen, durch die Sie erkennen können, wie sehr Ihre jetzigen Tätigkeiten durch digitale Lösungen ersetzt werden. Anschließend werfe ich einen Blick auf die Zukunft von Abteilungen innerhalb von Unternehmen. Im nächsten Kapitel zeige ich Ihnen dann auf, wie Sie Ihre persönliche Digitalisierungsstrategie entwickeln können.

Wird Ihr Job morgen wegdigitalisiert?

Sie sind im Transportwesen oder der Logistik tätig? Dann wissen Sie: Autonome Autos und Lieferwagen werden in den nächsten Jahren Alltag auf unseren Straßen werden und möglicherweise Fahrern den Beruf wegnehmen. Sie sind in der Produktion tätig? Dann sind Sie den Anblick von Robotern bereits gewöhnt und wissen: Dieser Trend wird in den nächsten Jahren eher zunehmen.

Wenn Sie aber Anwalt oder Arzt sind, Steuerberater oder Führungskraft in einer Versicherung: Wieso sollte Ihnen die Digitalisierung gefährlich werden? In meinem Buch *Digitale Disruption* habe ich das Prinzip der Kompetenzstandardisierung beschrieben. Der digitale Wandel wird Aufgabenbereiche von Menschen ersetzen, die heute nicht im Entferntesten darüber nachdenken, dass ihr Job durch einen Computer ersetzt werden könnte.

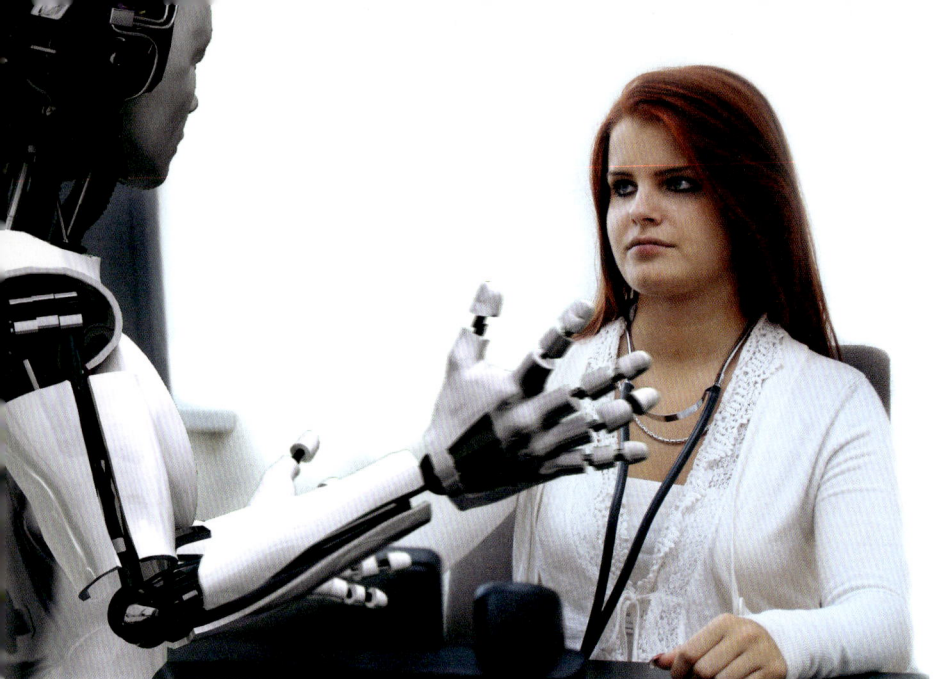

Wird Ihr Arzt wegdigitalisiert?

Beispiele Ist Ihre Kompetenz standardisierbar?

Sie leiten ein Unternehmen und haben Fragen zum Datenschutz?
Sie wollen wissen, wie Sie Ihre digitalen Services DSGVO-konform
gestalten können und welche Grundsätze Sie bei der Gestaltung
Ihrer Datenschutzerklärung beachten müssen? Früher gab es zwei
Möglichkeiten: Googeln oder einen Datenschutzbeauftragten fragen.
Das Kapital des Datenschutzbeauftragten war sein beziehungsweise
ihr Know-how. Das Unternehmen Robin Data standardisiert einen Teil
dieses Know-hows. Fragen werden durch Chatbots statt durch Experten
beantwortet. Das Unternehmen will den Datenschutzbeauftragten nicht
abschaffen, sondern unterstützen. Dennoch: Ein Teil der Kompetenz
wird digitalisiert und damit standardisiert.

Robin Data. Privacy Professionals. Datenschutz muss einfach einfach sein.

Der digitale Datenschützer – Teile menschlicher Kompetenz werden standardisiert.

Sie sind in der Fördermittelberatung tätig? Dann erhalten Sie ebenfalls Konkurrenz. Start-ups wie Brain2 übernehmen standardisiert den komplexen Prozess der Fördermittelberatung für Unternehmen. Von der Anfrage, welche Fördermittel für Ihr Unternehmen infrage kommen, über die Antragstellung bis hin zur Erstellung der Dokumentation werden viele Kompetenzen standardisiert. Für komplexe Fragen, wo der Algorithmus (noch) nicht ausgereift ist, stehen weiterhin menschliche Berater zur Verfügung.

Auch das Know-how von Ärzten kann auf diese Art und Weise digitalisiert werden. Zumindest teilweise, vor allem im Bereich der Diagnostik.

Überall dort, wo auf eine Vielzahl möglicher Fragen eine Vielzahl möglicher Antworten generiert wird, und die primäre Aufgabe eines Menschen darin besteht, Wissensfragmente nach einem vorgegebenen Muster zusammenzustellen, sind Aufgaben standardisierbar. Und damit durch Algorithmen ersetzbar.

101.272

Im Prinzip ist damit das Wissen von Anwälten und Ärzten genauso digitalisierbar wie das von Kraftfahrern und Fabrikarbeitern, die durch ein autonomes Auto beziehungsweise einen Roboter ersetzt werden. Das Wissen besteht aus einer Vielzahl sogenannter Wenn-Dann-Beziehungen. Das autonome Auto folgt Regeln wie dieser: »Wenn Hindernis vor dem Auto, dann lieber bremsen.« Beim Anwalt lautet der Algorithmus: »Wenn Radarfalle nicht geeicht, dann hohe Erfolgswahrscheinlichkeit beim Einspruch gegen einen Blitzbescheid.« Und beim Arzt: »Wenn bestimmte Blutwerte hoch, dann Verdacht auf Krankheit.«

Technologien wie künstliche Intelligenz helfen dabei, diese Wenn-Dann-Beziehungen besser zu analysieren und sowohl das »Wenn« wie auch das »Dann« mit mehr Entscheidungsvariablen anzureichern: »Wenn Hindernis, dann bremsen.« Nur: Was ist ein Hindernis? Wie gefährlich ist es? Und wie soll gebremst werden? Langsam? Sofort? Ausweichen oder nicht? Das grundsätzliche Regelwerk jedoch bleibt bestehen.

Autonomes Shuttle des französischen Herstellers Navja.

Kann Ihr Know-how so standardisiert werden wie es Navja mit dem Know-how von Kraftfahrern tut? Mit den nachfolgenden fünf Fragen können Sie es überprüfen.

Frage 1: Rufen Sie bestehendes Wissen und bestehende Regeln ab?

Nehmen wir als Beispiel einen Steuerberater: Für ihn gibt es eine Zahl X möglicher Ausgangssituationen (persönliche Einkommenssituation von Steuerpflichtigen), die eine Anzahl Y von Steuervorschriften gegenüberstehen. Falls ein Steuerberater nicht gerade Experte für kreative Schlupflöcher ist, ist dies ein Musterbeispiel für Aufgaben, die durch digitale Technologien ersetzt werden können. Man könnte es auch andersherum sagen: Warum gibt es überhaupt einen Steuerberater? Nehmen wir an, das deutsche Steuersystem wäre von vornherein digital entwickelt worden (also jeder Ausgabe eines Menschen würde automatisch eine Steuerlast zugerechnet), hätte sich die Zunft der Steuerberater jemals etabliert?

Falls Sie in einem Beruf tätig sind, bei dem der situative Abruf von bestehendem Wissen oder von bestehenden Regeln im Vordergrund steht: Sie können digitalisiert werden.

Frage 2: Habe Sie eine Tätigkeit, die durch ein hohes Maß an Wiederholung geprägt ist?

Schauen Sie sich die Kreditsachbearbeiterin einer Bank an. Sie prüft vor jeder Entscheidung darüber, ob ein Unternehmen einen Kredit bekommt oder nicht, die gleichen Unterlagen. Viele dieser Unterlagen werden manuell eingefordert, jedem Kunden wird wieder und wieder erklärt, welche Unterlagen benötigt werden. Oder nehmen Sie eine Trainerin, die Menschen die Grundlagen des Programmierens beibringt. Durch die hohe Wiederholung des immer Gleichen sind beide Berufe stark anfällig für die Digitalisierung. Das Unternehmen N26 bietet Kunden einen Echtzeit-Konsumentenkredit an: Sie können ihn in der App beantragen, bei positiver (automatisierter) Bonitätsprüfung haben Sie nach wenigen Minuten ein Angebot. Elektronisch unterschreiben und schon ist das Geld auf Ihrem Konto. Gehen Sie auf *codecademy.com*, dort finden Programmierkurse ohne Trainer statt. Probieren Sie es einfach einmal aus. Bereits nach einer Stunde sind Sie in der Lage, die ersten einfachen Programmierungen vorzunehmen.

Frage 3: Führen viele andere die gleichen Tätigkeiten ebenfalls aus?

Digitalisierung lebt von Skalierung. Warum hat sich *geblitzt.de* ausgerechnet auf Bußgeldbescheide und nicht auf den Einspruch gegen Baugenehmigungen in der Nachbarschaft spezialisiert? Die Antwort ist einfach: Weil viel mehr Menschen geblitzt als in baurechtliche Auseinandersetzungen verwickelt werden. Sind Sie die einzige Person in Ihrem Unternehmen oder in Ihrer Branche, die Ihre Tätigkeit ausführt, ist die Chance, dass Ihr Aufgabenfeld digitalisiert wird, relativ gering. Tun Sie aber das Gleiche wie Tausende andere in Ihrer Branche auch, besteht eine hohe Wahrscheinlichkeit, dass Ihre jetzige Tätigkeit digitalisiert wird.

Frage 4: Übertragen Sie manuell Daten von IT-System zu IT-System?

Nehmen wir an, Sie sind in der Bestellannahme eines Großhändlers tätig. Warum existiert Ihr Job? Weil das IT-System des Kunden aktuell noch nicht mit dem IT-System des Großhändlers korrespondiert. Im Prinzip sind Sie das, was Programmierer eine »Schnittstelle« nennen: Sie übertragen Daten von Papier in ein Computersystem. Mit hoher Wahrscheinlichkeit sitzt auf der anderen Seite (Ihrem Kunden) eine andere Person, die eine Bestellung aus einem IT-System auf Papier ausdruckt und Ihnen schickt. Sobald die Systeme miteinander kommunizieren können, werden gleich zwei Jobs digitalisiert. Ihrer und der Job der Person auf der anderen Seite.

Frage 5: Könnte Ihr Arbeitgeber Ihr Arbeitsergebnis problemlos woanders einkaufen?

Sie sind Grafiker – das Ergebnis Ihrer Arbeit sind bearbeitete Bilder für Broschüren oder Social-Media-Aktivitäten des Unternehmens. Sie produzieren Webanimationen und Erklärvideos, mit denen Ihr Unternehmen Kunden im Internet von seinen Produkten und Dienstleistungen überzeugen will. Möglicherweise unterliegen Sie dem Glauben, dass man Kreativität nicht digitalisieren kann. Das stimmt zum Teil, jedoch ist ein weiteres Prinzip digitaler Disruptoren das Prinzip »Crowdification«: Aufgaben, die früher eine festangestellte Person innerhalb eines Unternehmens erledigt hat, werden nun an sogenannte Crowdworker herausgegeben – Menschen, die weltweit diese Ergebnisse abliefern. Schauen Sie sich einmal den Internetmarktplatz Fiverr (*fiverr.com*) an: Dort können Sie ein Video in Rumänien schneiden lassen, eine Webanimation in Südafrika oder Neuseeland anfertigen oder Content-Artikel rund um Ihre Produkte in den USA schreiben lassen.

Drei Strategien, um proaktiv zu handeln

In den nächsten Jahren werden eine Reihe von Arbeitsplätzen durch die Digitalisierung wegfallen. Aufgaben wie die gerade beschriebenen werden mehr und mehr durch Algorithmen ersetzt. Es gibt drei Strategien, mit denen Sie zum digitalen Gewinner werden können:

Strategie 1: Die Digitalisierung aktiv vorantreiben

In jeder Entwicklung braucht es zwei Seiten: die technische und die inhaltliche. Selbst wenn Sie von digitalen Technologien wenig Ahnung haben: Als Anwältin wissen Sie, welche Entscheidungskriterien bei bestimmten Fällen zugrunde gelegt werden. Als Sachbearbeiter kennen Sie Ihr Aufgabengebiet wie niemand sonst. Auch wenn es sich am Anfang merkwürdig anfühlt: Tragen Sie aktiv dazu bei, Ihren Job zu kannibalisieren. Sie entwickeln sich dabei weiter und sammeln wertvolles neues Wissen. Das macht Sie für Ihren Arbeitgeber oder künftige andere Arbeitgeber umso attraktiver.

Strategie 2: Spezialisieren Sie sich, sodass Sie einzigartig werden

Die Chance, dass Fachanwälte für die Erarbeitung deutsch-chinesischer Handelsverträge durch einen Algorithmus ersetzt werden, ist relativ gering. Der Facharbeiter, der als hoch qualifizierter Know-how-Träger die gesamte Produktionsanlage von vorne bis hinten kennt, wird mit hoher Wahrscheinlichkeit ebenfalls nicht digitalisiert. Und die Steuerberaterin, die Unternehmen in Wachstumsstrategien und im Aufbau eines Kostenstellensystems berät, ist deutlich schwerer zu ersetzen als die, der nur Belege bucht und den Regeln folgt.

Strategie 3: Schaffen Sie neues Wissen statt bestehendes wiederzugeben

Ob im Bereich Recht, Steuern, Sachbearbeitung, Verwaltung oder Management – überall entsteht neues Wissen. Es werden neue Prozesse und Abläufe erarbeitet, neue Wertschöpfungsmodelle entwickelt und neue Arbeitsmodelle ausprobiert. Schlagen Sie sich auf die Seite derer, die Veränderung aktiv vorantreiben. Auch wenn diese zunächst wenig mit Digitalisierung zu tun haben. Je früher Sie sich auf die anstehenden Veränderungen in der Arbeitswelt einstellen, desto besser. Vielleicht warten Sie auch einfach auf den Tag, an dem eine gute Abfindung lockt. Und dann tun Sie das, was Sie schon immer tun wollten. Ein eigenes Hotel eröffnen, Schafe züchten oder Romane schreiben. Sie müssen nur darauf achten, dass Sie nicht in die nächste Falle tappen: Die Digitalisierung wird über kurz oder lang die Hotelrezeption ersetzen. Und auch Schafe werden zunehmend von Robotern kontrolliert.

Kunden und Märkte verändern sich aktuell schneller als Unternehmen

Kaum eine Managementkonferenz, auf der das Wort Digitalisierung aktuell nicht als Topthema gelistet ist. Kaum ein Tag vergeht ohne Erfolgsmeldungen aggressiver Technologieunternehmen, die traditionelle Marktteilnehmer angreifen. Und regelmäßig machen Nachrichten wie die der Commerzbank Schlagzeilen: Die Wandlung von einem traditionellen Konzern zu einem Technologieunternehmen – verbunden mit massiven Umstrukturierungen und sogar Personalabbau. Jahrelang aufgebaute Strukturen wie Bankfilialen oder Kundenberatungscenter werden mehr und mehr überflüssig.

Unternehmen werden zunehmend mit einer neuen Spezies Kunden konfrontiert: dem digitalen Kunden. Für digitale Kunden ist jede Information auf Knopfdruck verfügbar. Die Bereitschaft, sich in einer Warteschlange im Callcenter einzureihen, sinkt. Auf dem Smartphone des Kunden ist das nächste attraktive Angebot nur einen Klick weit entfernt.

Kunden sind ungeduldig: Ein Produkt ist nicht nutzerfreundlich? Total veraltet. Es kommuniziert nicht mit der App des Nutzers? Uninteressant. Das Angebot liegt nicht innerhalb von wenigen Sekunden vor? Wegklicken. Der Vertragsabschluss erfordert es, ein langwieriges Formular auszufüllen? Unsinn! Ungeduldig, unfair und untreu, mit diesem Typus Kunden haben Unternehmen mehr und mehr zu kämpfen.

Klassische Unternehmensstrukturen mit festen Zuständigkeiten und Hierarchien, unterschiedlichen Abteilungen und internen Regularien sind zwar perfekt dafür geeignet, das tägliche Geschäft abzuwickeln, nicht jedoch dazu, Neues zu entwickeln.

Beispiel Cewe Color und ORWO. Beides Unternehmen, die vom Zusammenbruch des analogen Fotomarktes betroffen waren und sich drastisch gewandelt haben: Vom Fotoentwicklungslabor zum digital denkenden und analog produzierenden Unternehmen mit eigener Softwareentwicklung. Bei Cewe Color war es erforderlich, das Geschäft auf die »Stunde null« zurückzustellen und in einem neu gegründeten Unternehmensteil die Zukunft zu entwickeln.

Beispiel DHL. Der Boom des E-Commerce überforderte das Unternehmen in den Anfangsjahren. Der Kunde bestellte bei Amazon und fand sich wieder in einer Schlange bei der Post – weil das Paket geliefert wurde als der Kunde gerade arbeitete. Mit einer kleinen schlagkräftigen Unternehmenseinheit – einem internen Start-up – wurden die DHL-Packstationen entwickelt, getestet und nach etlichen Rückschlägen erfolgreich eingeführt.

Vor Herausforderungen wie diesen stehen heute alle Unternehmen, die zwar das Internet für die Präsentation ihrer Produkte und die Kundenkommunikation nutzen, deren Geschäftsmodelle aber im Kern die gleichen geblieben sind. Der Umbruch der Banken- und Versicherungsbranche nimmt heute bereits zum Teil dramatische Formen an, der klassische Einzelhandel spürt die Konkurrenz des Onlinehandels erheblich und selbst traditionelle Unternehmen aus dem Bereich der Landwirtschaft können sich den Folgen der Digitalisierung nicht entziehen.

Produkte, von denen im Entferntesten niemand glaubt, dass sie durch die Digitalisierung bedroht werden, erhalten plötzlich Konkurrenz durch Algorithmen. Ein Gewächshausbetreiber, der die Qualität seiner Pflanzen durch Bodensubstrate sichert, kann den gleichen Nutzen durch den Einsatz von Bodensensorik, algorithmengesteuerten Licht- und Beheizungssystemen und mobilen Düngerobotern erzielen.

Was heute klingt wie Zukunftsmusik, ist ein Wandel, der Unternehmen in immer schnellerer Geschwindigkeit erfasst.

Die Herausforderung: Bestehendes erhalten und Neues vorantreiben

Diese folgende gedankliche Übung gehört zum Pflichtrepertoire eines innovativ denkenden Managements: Das eigene Unternehmen auf die Stunde null zurückstellen. Würden wir das Unternehmen heute noch genauso aufbauen wie vor zehn Jahren? Und sich dann in die Perspektive eines aggressiven Start-ups versetzen: Wie würden wir unser eigenes Unternehmen heute angreifen?

Häufig arbeiten traditionelle Unternehmen mit den gleichen Technologien wie aggressive Start-ups, doch sie wenden sie anders an. Traditionelle Unternehmen neigen dazu, neue Technologien als die Optimierung bestehender Geschäftsmodelle mithilfe der Digitalisierung anzusehen. Aggressive Unternehmen von außerhalb der Branche haben das Ziel, alte Strukturen und Geschäftsmodelle zu ersetzen und neue – deutlich effizientere – aufzubauen.

Unternehmensführung gerät dadurch in eine Zwickmühle: Das Alte, noch Funktionierende zu erhalten und sogar zu optimieren. Und zugleich das Neue kompromisslos voranzutreiben. Der Rat, das Bestehende aufzugeben, ist nicht wirklich klug. Denn selbst in bedrängten Märkten lassen sich nach wie vor deutliche Gewinnsteigerungen erzielen. Ein Einzelhändler, dessen Konkurrenz aufgibt, wird über kurz oder lang die enttäuschten Anhänger des alten Geschäftsmodells bekommen. Zugleich jedoch täuscht nichts darüber hinweg, dass analoge Geschäftsmodelle Dinosaurier sind: Groß, zum Teil immer noch sehr ertragskräftig und eventuell sogar mit einem gewissen Erfolgspotenzial – letztlich aber Auslaufmodelle.

In dieser Situation brauchen Unternehmen verschiedene Unternehmenseinheiten:

- Auf der einen Seite sind Unternehmenseinheiten wichtig, die das Bestehende erhalten, optimieren und verteidigen;
- Auf der anderen Seite werden Einheiten wichtiger, die genau das Gegenteil tun: Angreifen.

Bewahrer im Unternehmen haben gute Argumente: Warum eine Regionalzeitung aufgeben, die heute noch gute Erträge abwirft? Warum eine Bankfiliale schließen, in der Berater ein langwieriges Verhältnis zu lukrativen Kunden aufgebaut haben? Warum die Weiterentwicklung bestehender Produkte und Geschäftsmodelle vernachlässigen, wenn diese die hochriskanten Innovationen der nächsten Jahre finanzieren sollen?

Unternehmen brauchen Innovationskulturen, die beides zulassen: Die Verbesserung des Bestehenden durch kontinuierliche Erneuerung sowie die Erfindung des Neuen.

- In einem Unternehmensteil sind die Strategien auf das Optimieren ausgerichtet, im anderen auf das radikale Erneuern;
- In einem werden inkrementelle Innovationen wie beispielsweise Prozessverbesserungen und Erweiterungen klassischer Produktlinien gefördert, im anderen radikale Ideen und Visionen, die mutiger und riskanter sind;
- In einem Unternehmensteil existieren Richtlinien zur Risikovermeidung, im anderen wird experimentelles Scheitern gefördert. Die Entwicklung schizophrener Strategien ist kein Widerspruch, sondern ein zwingender Bestandteil moderner Unternehmensstrategien.

Im nächsten Kapitel werden Sie mehr über die Herausforderungen für Unternehmen erfahren. Dieser Wandel ist nur zu managen, indem alle Abteilungen und Funktionen von Unternehmen in den digitalen Wandel einbezogen werden. Digitalisierung ist genauso Sache des Topmanagements wie auch des Einkaufs, der Personalabteilung, des Finanzwesens, des Marketings und des Vertriebs.

In diesem Kapitel erfahren Sie, wie sich Ihre Tätigkeit in den kommenden Jahren verändern wird. Es hat selbstverständlich nicht die gleiche Tiefe, die ein Fachbuch beispielsweise zur Digitalisierung des Marketings hätte. Aber Sie gewinnen einen Überblick darüber, wie sich Unternehmen in ihrer Gesamtheit und in den verschiedenen Bereichen entwickeln.

Ihre digitale Zukunft im Topmanagement

Egal, ob Sie in der Geschäftsführung eines fünfzigköpfigen mittelständischen Unternehmens tätig sind oder in den Vorstand eines internationalen Konzerns berufen wurden – Digitalisierung und Innovation werden in den kommenden Jahren Ihr Schwerpunkt sein. Sie haben eine herausfordernde Aufgabe: Einerseits müssen Sie das Geschäft, das Sie heute trägt, kurzfristig profitabel machen. Andererseits müssen Sie langfristig denken, Trends und Veränderungen aufnehmen und damit beginnen, Ihr Unternehmen umzugestalten.

Managementaufgabe: Der Blick in die digitale Zukunft.

Ihr Problem dabei ist folgendes: Das operative Geschäft erfordert die klassische Unternehmensstruktur, die zumeist über Organigramme mit klaren Hierarchien und Zuständigkeiten abgebildet ist. Digitalisierung und Innovation benötigen – das werden Sie in diesem Buch noch erfahren – eine Netzwerkstruktur. Damit Sie kosteneffizient am Markt bestehen können, brauchen Sie interne Prozesse und Abläufe, die möglichst exakt definiert sind. Damit Sie Digitalisierung und Innovation vorantreiben können, müssen Sie Innovationsnetzwerke aufbauen und managen.

Mit dem Fokus auf kurzfristige Umsätze und Gewinne, der Optimierung interner Abläufe und Prozesse sowie der Einhaltung von Regeln und Gesetzen sind Sie in verantwortungsvollen Positionen bereits zu einhundertfünfzig bis zweihundert Prozent ausgelastet. Und jetzt kommt Digitalisierung dazu.

Es liegt nahe, dass Sie eine Abteilung zum Thema gründen, Digitalisierungsverantwortliche benennen und das Thema dann angehen, wenn das operative Geschäft es zulässt. Doch Digitalisierung und Innovation sind Aufgabe des Topmanagements.

Beispiel Ihr größter Feind: Fehlende Ressourcen

Es ist Januar in einem Kundenprojekt. Entschlossen verkündet die Geschäftsführung eine digitale Offensive. Innerhalb eines Jahres sollen Arbeitsgruppen aus verschiedenen Bereichen gebildet werden, die fachübergreifend neue Ansätze und Ideen für digitale Angebote und Geschäftsmodelle entwickeln. Schon nach wenigen Wochen kommt der Prozess ins Stocken. Oder besser gesagt: Er beginnt gar nicht erst. Der Prozess der Terminfindung für ein Auftaktmeeting zieht sich über mehrere Monate hin. Bis potenzielle Teammitglieder für Projekte aus ihrem Alltagsgeschäft herausgelöst werden, vergehen weitere Monate.

Anfang Juni möchte das Team endlich loslegen, als alle Beteiligten eine überraschende Entdeckung machen: Sommerferien. Da die Teammitglieder über mehrere Bundesländer verteilt sind und zu verschiedenen Zeiten Urlaub machen, verzögert sich das Projekt noch einmal um zwei Monate. Im September legt die Arbeitsgruppe los, nur um im November vom Jahresendspurt aufgefressen zu werden. Kurzfristig müssen Umsatz- und Gewinnzahlen nach oben getrieben werden.

Dieses Beispiel ist nicht fiktiv. In 80 Prozent der Unternehmen, mit denen wir in den vergangenen Jahren zusammengearbeitet haben, sind fehlende Ressourcen das Hauptproblem. Vor allem im Mittelstand. Eigene Abteilungen für Digitalisierung und Innovation? Fehlanzeige. Eine explizite Digitalisierungsstrategie und professionelle Innovationstools? Selten.

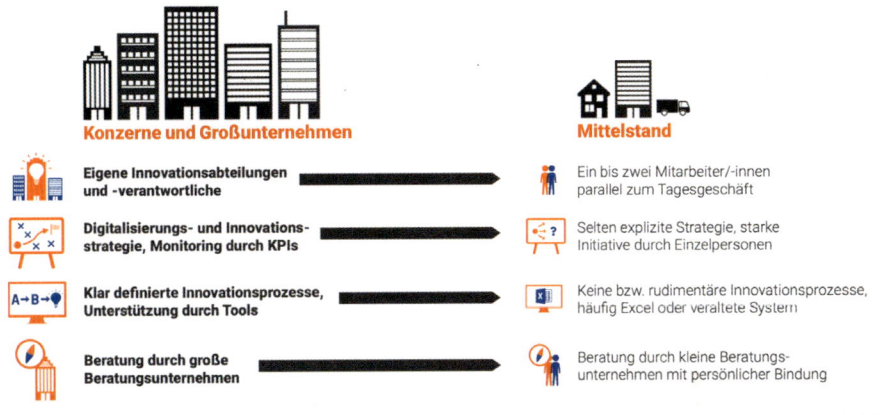

Mittelstand: Innovation und Digitalisierung mit begrenzten Ressourcen.

Im Topmanagement wird – gerade wenn Sie in einem mittelständischen Unternehmen arbeiten – eine Ihrer größten Aufgaben sein, diese Ressourcen zu schaffen. Die Software, die Sie mit diesem Buch kostenlos nutzen können, wird Sie dabei unterstützen, Digitalisierung und Innovation schnell, schlank und kosteneffizient umzusetzen. So wie in einem realen Beispiel aus dem Großhandel.

Beispiel Digitalisierung im Mittelstand: In wenigen Wochen zu konkreten Ergebnissen

Im März 2018 erhält mein Unternehmen den Anruf des Geschäftsführers eines sehr erfolgreichen Großhändlers. Er sagt: »Wir haben den Hinweis von Kunden bekommen, dass Mitbewerber im digitalen Vertrieb besser sind als wir. Wir wollen handeln.« Ich frage: »Wann?« Die Antwort: »Sofort.«

Was dann folgt, ist ein eindrucksvolles Beispiel dafür, wie viel innerhalb weniger Wochen bewegt werden kann. Noch im gleichen Monat findet ein Auftaktworkshop statt, gefolgt von Interviewserien mit digitalaffinen Kunden des Unternehmens. Anfang Mai liegen alle Ergebnisse vor. Im Juni sind die technologischen Anforderungen definiert. Im Juli beginnt die Umsetzung. Verantwortlich ist, wer gerade nicht im Urlaub ist. Ende 2018 wird das Projekt erfolgreich eingeführt. Innerhalb weniger Monate hat das Unternehmen seinen Onlinevertrieb radikal neu erfunden. Alles andere hatte sich dem Projekt unterzuordnen.

Man könnte nun argumentieren: »Was für ein unfaires Beispiel. Dort gab es Handlungsdruck.« Doch das stimmt nicht. Dem Unternehmen ging es nie schlecht. Die Eigentümer und die Mitglieder der Geschäftsführung hätten genauso sagen können: »Wir machen weiter wie bisher.« Oder: »Wir digitalisieren ein bisschen.« Doch genau das taten sie nicht. Sie machten Digitalisierung und Innovation zu ihrer wichtigsten Aufgabe.

Digitale Gewinner nehmen sich persönlich des Themas an. Und sie schaffen die erforderlichen Ressourcen. Ich erinnere mich an einen wichtigen Punkt während des Prozesses. Einer der Geschäftsführer fragte mich: »Wie viel meiner persönlichen Zeit muss ich einkalkulieren?« Meine Antwort: »50 Prozent.« Ich wurde erstaunt angesehen. »Wirklich 50 Prozent?« Ich sagte: »Wenn wir realistisch sind, eher 70 Prozent.« Er nickte und begann seinen Terminkalender freizuräumen.

> Wenn Sie in der Geschäftsführung beziehungsweise im Vorstand eines Unternehmens sind, das eine anspruchsvolle Digitalstrategie entwickeln und umsetzen möchte, müssen Sie zwischen 30 und 70 Prozent Ihrer persönlichen Ressourcen für Digitalisierung aufwenden.

Vorsicht vor Digitalisierungskosmetik!

Als ich 2010 bis 2014 meine Doktorarbeit über die Innovationsfähigkeit von Unternehmen schrieb, habe ich unzählige Studien zur Rolle des Topmanagements ausgewertet. Die Antwort war immer die gleiche: In der Geschäftsführung und im Vorstand müssen Sie sich persönlich für das Thema engagieren! Alles andere ist Innovations- beziehungsweise Digitalisierungskosmetik. Sie müssen die Mechanismen der Veränderung verstehen und Handlungsdruck erzeugen.

Wie geht das? Indem Sie sehr konkrete Ziele für die Digitalisierung definieren und eine Roadmap ins Leben rufen, die Ihnen und Ihren Mitarbeitern wehtut. Wehtut? Ja, wehtut. Ihre Ziele müssen knapp unterhalb des Unerreichbaren liegen. Denken Sie gerne kurzfristig und überlegen Sie, welche Erfolge Sie innerhalb weniger Monate durch die Digitalisierung erzielen können. Ihre Zielvorgaben könnten beispielsweise lauten: »In drei Monaten möchte ich eine Auflistung aller Prozesse und Abläufe vorliegen haben, die digitalisiert werden können.« Oder: »In sechs Monaten möchte ich drei neue digitale Serviceangebote auf dem Markt haben. Bis dahin müssen Sie die Stufen der Ideenentwicklung, der Prototyperstellung, des Tests beim Kunden und der Umsetzung durchlaufen haben.« Dieser Punkt ist so wichtig, dass Sie ihn ganz zum Schluss dieses Buchs noch einmal als wichtigen Ratschlag finden!

Machen Sie die Digitalisierung Ihrer Prozesse und Abläufe, Ihres Marketings und Ihres Vertriebs, Ihrer Angebote und Ihres Kundenservice zu Ihren wichtigsten Projekten!

Entwickeln Sie Ideen, um Ressourcen freizusetzen

Sammeln Sie mithilfe der kostenlosen digitalen Innovationsplattform Vorschläge und Ideen, um Prozesse neu zu strukturieren, Verantwortlichkeiten zu verändern und Ressourcen freizusetzen. Suchen und bewerten Sie digitale Innovationsfelder, etablieren Sie Innovationsnetzwerke in Ihrem Unternehmen.

Marketing und Werbung werden immer komplexer

Noch nie war es so einfach, Botschaften im Marketing und in der Werbung zu erstellen und zu verbreiten. Ob Sie hochwertige Prospekte erstellen wollen, Webseiten und Landingpages für Kunden kreieren, Werbeanzeigen ausspielen oder Content in Form von Blogs, Fotos oder Videos erstellen – wenn Sie die Möglichkeiten vor zehn Jahren mit denen von heute vergleichen, ist es geradezu paradiesisch. Zugleich ist dies das Problem.

Content zu erstellen ist einfach. Doch damit bei Ihrer Zielgruppe Aufmerksamkeit zu erzielen und Handlungen auszulösen, war noch nie so schwer. Sie können Fachartikel über LinkedIn Publishing (ehemals LinkedIn Pulse) oder *Medium.com* veröffentlichen und damit Zielgruppen direkt erreichen. Das Problem: Bei LinkedIn Publishing kommen jede Woche mehr als 130.000 andere ebenfalls auf die Idee. Bei Medium.com haben Sie mit ähnlich hoher Konkurrenz zu kämpfen, die um die Aufmerksamkeit von sechzig Millionen Unique Visitors jeden Monat kämpft. Und dass Sie bei Facebook nicht alleine sind, das ist für Sie natürlich nicht wirklich neu.

Ich vermute, dass Sie schon längst ein Facebook-Profil haben, vielleicht sogar twittern und regelmäßig Beiträge in sozialen Medien veröffentlichen. Nach wie vor gilt: Sie können innerhalb kürzester Zeit eine große Zahl an Internetnutzern erreichen. Viele von Ihnen werden mit einem einzigen Post mehr Views und Klicks erzielen, als dieses Buch jemals Leser haben wird. Ähnlich ist es mit unserem Blog. Die meisten Leser erreiche ich nicht über dieses Buch, sondern über die organische Suche bei Google. Wenn Sie bei Google Deutschland das Suchwort »Innovation« eingeben, finden Sie mein Unternehmen fast direkt unter Wikipedia. Das Gleiche passiert, wenn Sie Suchbegriffe wie »Innovationsmanagement«, »Ideenmanagement« oder »digitale Disruption« eingeben.

Die Fragen bleiben die gleichen – nur die Antworten ändern sich

Wenn Sie denken, dass die Digitalisierung im Marketing alles verändert, stimmt das nur halb. Denn die Hauptfrage bleibt heute genau die gleiche wie vor dreißig Jahren: Wie werden potenzielle Kunden auf Sie und Ihr Angebot aufmerksam? Vor dreißig Jahren war die Antwort vergleichsweise einfach: Über einen Eintrag im Branchenbuch, über Anzeigen in Zeitungen und Fachmagazinen oder – wenn Sie viel Geld hatten – über Plakate und TV-Spots.

Beispiel Heute haben Sie die Qual der Wahl. Von Google AdWords, dem Klassiker der bezahlten Anzeigen, über persönliche Nachrichten im Postfach von Social-Media-Nutzern, Sponsoring von Influencern, bezahlte Content-Anzeigen über Netzwerke wie Outbrain und Taboola bis hin zu klassischen Anzeigen. Oder Sie lassen sich bei Google finden. Über SEO, also Search Engine Optimization. Was gerade in Zeiten von Adblockern (siehe nächster Abschnitt) eine sehr gute Strategie sein kann. Das Wort »Growth Hacking« – eine Disziplin, die eher an das Darknet als an Marketing erinnert – wird zur ernstzunehmenden Wachstumsstrategie. Was kann ein Unternehmen tun, damit sich das eigene Angebot innerhalb kürzester Zeit wie ein Virus verbreitet?

Growth Hacking: Guerilla-Strategien im Onlinemarketing.

Wenn Sie denken, dass die Welt im digitalen Marketing komplexer geworden ist, haben Sie recht. Aber sie wird noch viel komplexer werden. »Alexa, welche Wurst ist am gesündesten?«; »Hey Google, welches chinesische Restaurant ist das beste in der Stadt?«; »Siri, wo ist der nächste Baumarkt?« Als wäre das nicht schon kompliziert genug, verändert sich das Ergebnis von Suchanfragen je nachdem, von wo aus die Suche gestartet wurde, wer gesucht hat und zu welcher Zeit. Idealerweise ist die Antwort so häufig wie möglich Ihr Unternehmen beziehungsweise Ihr Angebot.

Ihr neuer Feind: Ghostery & Co.

Falls Sie es noch nicht getan haben, machen Sie einmal folgendes Experiment: Laden Sie sich einen zweiten Browser auf Ihren Rechner. Neben dem Internet Explorer oder Apple Safari beispielsweise Firefox. Installieren Sie jetzt bei Firefox einen Adblocker wie Ghostery. Aktivieren Sie ihn. Und jetzt besuchen Sie Ihre Lieblingswebseiten zunächst mit dem Internet Explorer oder Safari ohne Adblocker, anschließend mit Firefox oder einem anderen Browser mit eingeschaltetem Adblocker. Es wird Sie nicht überraschen. Die Seiten, die Sie mit Adblocker besuchen, werden Ihnen ohne Werbung ausgeliefert. Jetzt gehen Sie noch einen Schritt weiter. Führen Sie bei Google eine Suche nach einem bestimmten Produkt oder einer bestimmten Dienstleistung durch – zunächst ohne Adblocker. Sie sehen bezahlte Anzeigen über den Suchergebnissen. Jetzt wiederholen Sie es noch einmal – mit Adblocker. Nicht einmal Google AdWords taucht noch auf.

Ein Besuch bei Spiegel Online: Ghostery blockiert fünfundzwanzig Tracker.

Der Einsatz von Adblockern ist von Land zu Land und von Zielgruppe zu Zielgruppe unterschiedlich. Warum auch immer: Griechen mögen offenbar keine Werbung. 42 Prozent aller griechischen Internetnutzer surften 2018 mit Adblockern. Im Vergleich dazu können Sie in Deutschland aufatmen: 2018 surfte »nur« jeder dritte (andere Zahlen sprechen von jedem vierten) Internetnutzer mit Adblockern. Dummerweise sind es gerade die Zielgruppen, die über klassische Medien wie Zeitung und Fernsehen kaum noch zu erreichen sind: Die Jungen. Nach einer Umfrage von YouGov nutzten 2018 rund 55 Prozent aller 25- bis 34-Jährigen Adblocker. Und die Prognosen gehen nach oben: Waren es 2016 noch 21,3 Prozent aller Nutzer, die Werbung auf dem Mobiltelefon blockierten, waren es 2018 bereits 33,5 Prozent. Nicht nur für Publisher ist das ein Problem: Nach einer Studie von *Optimal.com* entgingen ihnen 2016 rund 3,9 Milliarden Dollar – im Jahr 2020 sollen es bereits 12,1 Milliarden sein.

> Für Sie im Marketing werden Adblocker zunehmend zur Herausforderung. Egal, wie viel Sie in klassische Maßnahmen investieren: Ein Großteil Ihrer potenziellen Zielgruppen wird in Zukunft für Sie unerreichbar sein.

Ist Inbound-Marketing mehr als nur ein weiteres Buzzword?

Nehmen wir an, Sie haben es geschafft: Ihre potenziellen Interessenten sind auf Ihrer Webseite gelandet und setzen sich für den Bruchteil einer Sekunde mit Ihrem Angebot auseinander. Vielleicht haben Sie über Google AdWords eine Person auf Ihre Webseite gebracht. Wenn Sie zum Beispiel auf ein sehr begehrtes Keyword wie »Risikolebensversicherung online« geboten haben, kostete dieser Klick Anfang 2019 9,95 Euro. Ihr potenzieller Kunde kommt auf Ihre Seite und ist – wenn Sie ihn nicht halten – gleich wieder weg. Dann haben Sie soeben 9,95 Euro an Google bezahlt. Für nichts.

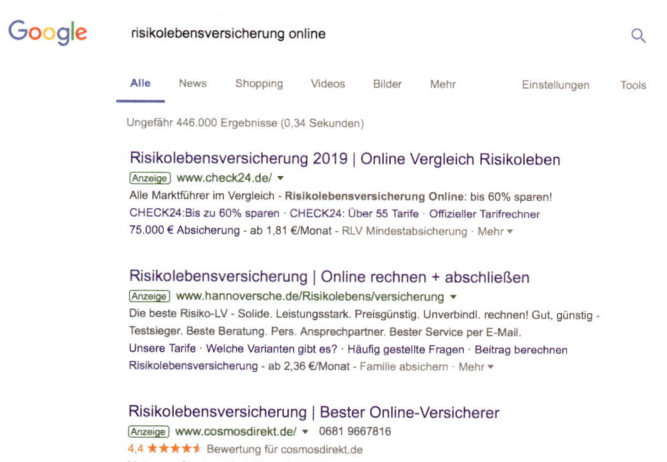

Sie haben zwei Alternativen: Entweder holen Sie den verlorenen Kunden über Retargeting wieder zu sich (das sind diese Zombie-Anzeigen, die Sie ewig verfolgen) oder Sie geben ihnen einen guten Grund, ihre Daten zu hinterlassen.

Die Frage, die Sie sich aus Sicht eines Nutzers stellen müssen: Was muss ich tun, um Menschen dazu zu bringen, mit mir in Kontakt zu treten? Es ist ein Abschied von den plumpen Marketingansätzen früherer Zeiten, als es hieß: »Jetzt das beste Produkt kaufen!« Sie müssen relevanten Content anbieten, der für die Zielgruppe, die Sie auf Ihren Webseiten ansprechen wollen, relevant ist. Und Sie müssen das Einverständnis dafür holen, dass Sie mit diesen Personen in Kontakt treten dürfen.

Versetzen Sie sich in die Lage Ihrer potenziellen Kunden: Würden Sie ernsthaft Ihre persönlichen Daten dafür hergeben, dass Sie Produktwerbung herunterladen dürfen? Würden Sie einfach so den Button mit der Aufschrift »Ich stimme zu, dass ich Werbung erhalte« ankreuzen? Natürlich nicht. In den vergangenen Jahren sind Kunden deutlich skeptischer geworden, ob Sie Ihre Daten hinterlassen oder nicht. Die Abwehr von Kunden gegenüber unerwünschter Werbung nimmt weiter zu.

Umso wichtiger ist es, Kunden, die einmal bei Ihnen waren, möglichst dazu zu bewegen, Ihnen die Einwilligung für künftigen Kontakt zu geben. Das bedeutet, dass Sie Marketing und Werbung mehr und mehr von der Seite des Kunden her denken müssen.

Früher haben Sie sich vor allem die Frage gestellt, wie Sie die Vorteile Ihrer Angebote so darstellen können, dass Sie Kunden möglichst schnell überzeugen. Das gilt auch heute noch, jedenfalls in der Phase, in der Kunden bereits zwischen unterschiedlichen Produkten und Angeboten vergleichen.

Doch was ist mit den Kunden, die noch in der Informationsphase sind und die noch nicht wissen, dass sie möglicherweise ein Interesse an Ihren Angeboten haben? Diese Art von Kunden müssen Sie anders ansprechen. Durch Inbound-Marketing, eines der Marketing-Schlagworte, die durch Software-Anbieter wie HubSpot populär geworden sind. Hier müssen Sie aus der Sicht des Kunden beziehungsweise Interessierten denken. Was interessiert diese Person? Mit welcher Suchintention kamen diese Nutzer auf Ihre Webseiten? Und finden sie dort das, was sie erwarten?

Bieten Sie Whitepaper, nützliche Informationen, Videoschulungen oder Entertainment an. Bauen Sie eine Community von Nutzern auf, die mit Ihnen und anderen Kunden potenziell in Verbindung treten wollen. Im digitalen Marketing wird Ihre Aufgabe mehr und mehr die sein, qualifizierte Leads potenzieller Kunden an den Vertrieb zu geben und die Informationen zu gewinnen, die den Weg zum Verkaufsgespräch beschleunigen. Gerade im Bereich des Content-Marketings und der Marketingautomatisierung wachsen Marketing und Vertrieb hier zusammen.

Marketing wird immer mehr zur Quelle qualifizierter Leads.

Entwickeln Sie Ideen für das Marketing von morgen
Sammeln Sie mithilfe der kostenlosen digitalen Innovationsplattform Vorschläge und Ideen für innovative Marketingstrategien, Kampagnen und Inhalte. Erfinden Sie sich und Ihr Marketing im digitalen Zeitalter neu!

HR: Schlüsselfunktion bei der Digitalisierung

Das Personalwesen ist der wichtigste Enabler der Digitalisierung. Denn Unternehmen brauchen in Zukunft mehr und mehr Mitarbeiter und Mitarbeiterinnen, die nicht nur das Bestehende erhalten und perfektionieren, sondern es konsequent infrage stellen. Die sogenannte VUCA-Welt, die durch die vier englischen Begriffe Volatility, Uncertainty, Complexity und Ambiguity geprägt ist, wirkt sich nirgendwo so schnell aus wie im Personalwesen.

Volatility: Marktentwicklungen werden in Zukunft nicht mehr so prognostizierbar sein wie in der Vergangenheit. In vielen Märkten werden Unternehmensentwicklungen wie eine Achterbahnfahrt sein: Steil nach oben, schnell nach unten und wieder zurück. Hier werden Sie in den kommenden Jahren verstärkt innovative Modelle der Zusammenarbeit implementieren. Unternehmen werden mehr auf freie Mitarbeiter setzen und Arbeiten von spezialisierten Agenturen erledigen lassen, die Sie unter anderem auf Portalen wie Fiverr finden. Digitale Technologien lösen – zumindest in Teilbereichen – den Zusammenhang zwischen Arbeitszeit, Arbeitsort und Arbeitsergebnis auf. Hier wird in den kommenden Jahren mehr und mehr ein Umdenken stattfinden.

Uncertainty: Unternehmen und Unternehmenseinheiten werden zunehmend in Märkten agieren, die durch Unsicherheit geprägt sind. Das Bedürfnis der Belegschaft nach Sicherheit und festen Zuständigkeiten innerhalb des Unternehmens wird der wachsenden Unsicherheit auf den Märkten nicht in jedem Fall gerecht. Ich sage bewusst »Nicht in jedem Fall«, denn es wird zugleich

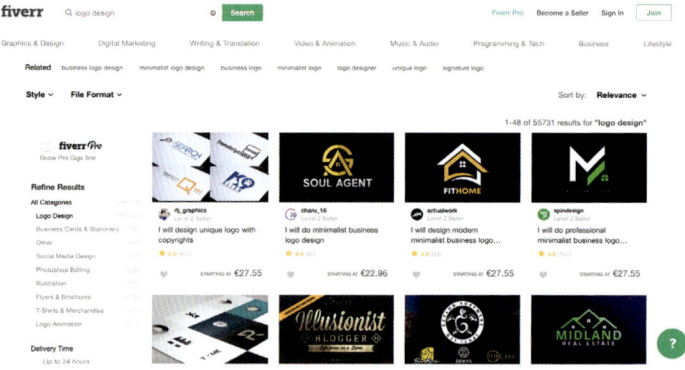

Auf Marktplätzen wie Fiverr finden Sie Freelancer für konkrete Aufgaben.

immer schwieriger werden, hoch qualifizierte Mitarbeiter für das Unternehmen zu gewinnen. Trotzdem wird die zunehmende Unsicherheit auf den Märkten Folgen für Unternehmen haben: Die Unsicherheit darüber, ob das bestehende Wissen im Unternehmen für die Märkte von morgen ausreicht. Unsicherheit darüber, ob feste Zusagen gegenüber der Belegschaft eingehalten werden können. Und wachsende Unsicherheit darüber, wie lange die Geschäftsmodelle einzelner Unternehmenseinheiten tragfähig sind.

Complexity: Sie haben gerade die Anforderungen an das Marketing der Zukunft gelesen. Die Aufgaben des Marketings werden künftig noch komplexer als sie es heute sind. Wachsende Komplexität wird in Zukunft Unternehmen vor große Herausforderungen stellen. Wenn Sie beispielsweise Chatbots für Kunden als Marketinginstrument auf Ihrer Webseite einsetzen wollen, brauchen Sie einerseits eine intensive Kenntnis über Kundenanforderungen und -bedürfnisse, andererseits benötigen Sie das digitale Knowhow, dies in Form von Algorithmen umzusetzen. Innerhalb von

Unternehmen wird das Management von Teams mit unterschiedlichen Fachkenntnissen und unterschiedlichen Denkstilen in den kommenden Jahren an Bedeutung zunehmen. Hierzu braucht es innovative Konzepte der Zusammenarbeit und der Führung. Denn das Management von Teams mit einer hohen fachlichen und kognitiven Diversität ist anspruchsvoll. Innovative Managementansätze werden wichtiger.

Ambiguity: Die Anforderung an Unternehmen, gleichermaßen das Bestehende zu erhalten und das Neue zu forcieren, wird größer werden. In diesem Buch werden Sie noch erfahren, vor welche praktischen Herausforderungen dies Unternehmen stellt. Sie brauchen ein zweites »Betriebssystem«, das beides unterstützt. Dies hat nicht nur Auswirkungen auf die Unternehmensstrukturen, sondern auch auf die Qualifikation, das Anreizsystem, die Weiterbildung und die Entlohnung von Mitarbeitern und Mitarbeiterinnen.

Im Zeitalter, das durch VUCA geprägt ist, müssen Sie Mitarbeiter und Mitarbeiterinnen gewinnen, die Veränderungen aktiv gestalten. Die quer denken, aber nicht so sehr, dass sie das Unternehmen täglich von Grund auf infrage stellen. Bei der Entwicklung Ihrer bestehenden Belegschaft gilt es einerseits, digitale Kompetenzen zu entwickeln, andererseits gilt es, Fähigkeiten zu trainieren, die kreatives Denken und Handeln unterstützen.

Im Personalwesen haben Sie eine Schlüsselaufgabe: Sie werden das Unternehmen, für das Sie arbeiten, mehr und mehr dabei unterstützen, in sich schnell verändernden Märkten zu agieren.

Gesucht: Mitarbeiter, die den Wandel vorantreiben

Wer ist für die Aufgaben des Erneuerns geeignet? Der traditionelle Mitarbeiter, der seit Jahren in der Kultur fester Regularien und Risikovermeidung arbeitet? Oder die junge Querdenkerin, die Bestehendes infrage stellt und erneuern möchte? Die Antwort: Die Kombination aus beidem. Traditionelle Unternehmen haben den Vorteil, dass sie die bestehenden Märkte sehr gut kennen. Das macht sie erfolgreich und blind zugleich. Innovative Start-ups wiederum kennen häufig die Fallstricke einer Branche nicht. Das, was am Ende die erfolgreiche Umsetzung von der Idee zur Innovation behindert. Der Insider- und der Outsiderblick – diese Kombination fördert Innovation.

Personalsuche bekommt in Zeiten des digitalen Wandels eine neue Rolle: Es geht nicht nur darum, Stellen zu besetzen, sondern Talente zu finden, die den Wandel vorantreiben können.

- Der Mitarbeiter mit dem internen Blick ist einfach zu identifizieren. Er ist in der Regel durch spezifizierte Ausbildungs- oder Studiengänge gelaufen, er zeigt sein Können durch seine Abschlussnoten und verfügt über einen Lebenslauf, der ausdrückt, dass er den Anforderungen einer Stelle gewachsen ist;
- Doch wie findet man die Querdenkerin? Woran erkennen Sie, dass eine Bewerberin zwar nicht über die jahrelange Fachkenntnis verfügt, dafür aber Qualifikationen für die Transformation des Unternehmens mitbringt?

Eine der Schlüsselkompetenzen ist dabei Kreativität. Keine künstlerisch freie Kreativität, sondern eine konstruktive. Sie brauchen Menschen mit einem kreativen Potenzial, die gezielt Ideen für die Herausforderungen des Unternehmens entwickeln können. In meiner Doktorarbeit, die bei BusinessVillage unter dem Titel *Die Innovationsfähigkeit von Unternehmen* erschienen ist, habe ich auf Basis wissenschaftlicher Studien herausgearbeitet, was Kreativität im Zusammenhang mit Digitalisierung und Innovation eigentlich bedeutet. Oder anders gesagt: Wonach Sie eigentlich suchen.

Sie suchen Mitarbeiter und Mitarbeiterinnen mit einer hohen kreativen Leistungsfähigkeit, die durch vier Faktoren geprägt ist:

- Kreative Fähigkeiten wie Fantasie, Assoziationsfähigkeit und Perspektivenwechsel;
- Kreative Intelligenz, also die Fähigkeit, komplexe Probleme schnell zu erfassen und unterschiedliche Lösungsstrategien zu entwickeln;
- Individuelle Expertise: Es liegt nahe, dass Experten für künstliche Intelligenz in diesem Bereich eher kreative Lösungen entwickeln können als andere;
- Charaktereigenschaften: Unter anderem Neugier, Proaktivität, Fehler- und Frustrationstoleranz.

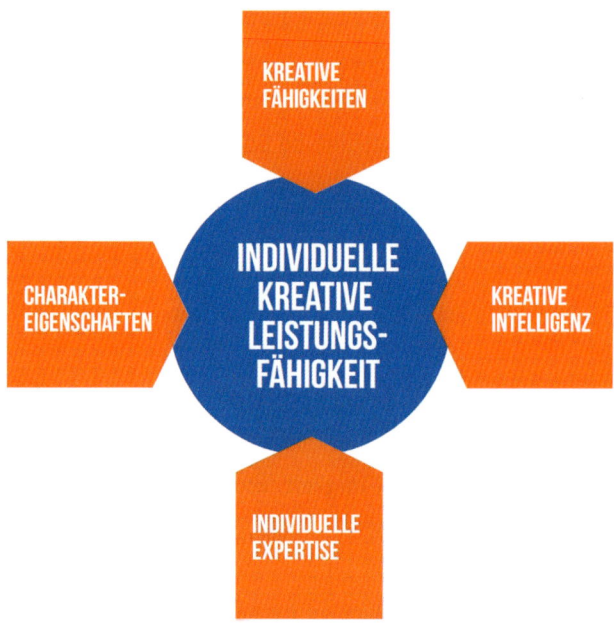

Beispiel Wie finden Sie diese Mitarbeiter? Zeiten des Umbruchs erfordern kreative Suchmaßnahmen. Beispielsweise Ideenwettbewerbe, in denen Teilnehmer ihre kreativen Fähigkeiten anhand konkreter Aufgaben aus dem Unternehmen unter Beweis stellen können.

»Erfinde das Kaufhaus von morgen!«; »Entwickle ein innovatives Mobilitätskonzept für Kleinstädte!« oder »Konzipiere eine Kunden-App«. Mit Herausforderungen wie diesen finden Unternehmen feste und freie Mitarbeiter, die das kreative Potenzial und den Veränderungswillen von außen einbringen – und die beweisen, dass sie einerseits unkonventionell denken, andererseits das Unternehmen verstehen.

Personalarbeit von morgen ist mit der Arbeit eines Kriminalisten, der den passenden Hinweis für eine Straftat sucht, vergleichbarer als mit klassischer Personalsuche. Es ist die Suche nach den berühmten Stecknadeln im Heuhaufen. Innovation Talent Scouting. Spannende Zeiten für das HR-Management!

Der Wettbewerb um die besten Fachkräfte hat längst begonnen

Vielleicht haben Sie es in den vergangenen Jahren bereits gemerkt: Wenn Sie Stellen ausschreiben, sinkt die Zahl qualifizierter Bewerber und Bewerberinnen kontinuierlich. Das betrifft nicht nur Fachkräfte aus dem Bereich der Digitalisierung (Softwarearchitekten, Programmierer, KI-Experten), sondern auch den Nachwuchs, der die Zukunft von Branchen gestaltet:

- Das junge Marketingtalent, das neben den Grundregeln von SEO und Webseitengestaltung problemlos mit Programmen wie HubSpot, InDesign oder Photoshop umgehen kann;
- Die Bewerberin im Bereich der Unternehmenskommunikation, die problemlos mithilfe von Digitalkameras und Programmen wie iMovie Videodokumentationen von Veranstaltungen anfertigen und ins Intranet beziehungsweise auf die Homepage stellen kann;

- Den jungen Gartenplaner, der dafür brennt, 3-D-Animations-programme einzusetzen, um die Gärten der Kunden zu planen;
- Die junge Architektin, die auf der einen Seite hochkreativ ist, ein Verständnis für die komplexen Regularien mitbringt und sich auf der anderen Seite auch noch für digitale Technologien des Building Information Modeling begeistert.

Gerade hoch qualifizierte Mitarbeiter und Mitarbeiterinnen werden in Zukunft deutlich schwieriger für Unternehmen zu gewinnen sein, und sie werden deutlich schwieriger langfristig an das Unternehmen gebunden werden können als heute. Während einer meiner Vorträge sagte mir ein IT-Leiter eines Energieversorgers: »Vor einem halben Jahr haben wir einen Spezialisten für künstliche Intelligenz für uns begeistern können. Es hat nicht einmal sechs Monate gedauert, da hat er wieder gekündigt. Die Energiebranche war ihm einfach zu langweilig.«

Personalakquise wird zunehmend durch Ihr Maß an Proaktivität bestimmt. Es geht nicht mehr darum, Stellenanzeigen zu schalten, sondern sich aktiv mit Hochschulen zu vernetzen oder soziale Netzwerke wie XING und LinkedIn zu nutzen. Die Innovationsfähigkeit Ihres Unternehmens und die digitale Transformationskraft hängen zu einem großen Teil davon ab, wie proaktiv und erfolgreich Sie in der Akquise von Fachtalenten sind. Das Personalwesen spielt eine Schlüsselrolle bei der digitalen Transformation.

Vermittlung von Digitalkompetenzen

Eine weitere wichtige Aufgabe des Personalwesens wird künftig darin bestehen, Mitarbeitern und Mitarbeiterinnen aus dem Unternehmen digitale Kompetenzen zu vermitteln. Dies ist nicht nur der Umgang mit Programmen wie Excel, PowerPoint oder einer ERP-Software, sondern auch eine kontinuierliche Weiterbildung in allen Bereichen, die durch die Digitalisierung betroffen sind.

Mit der zunehmenden Spezialisierung wird es immer schwieriger, Weiterbildungsbedarf durch klassische Seminare abzubilden. Die Anforderungen verschiedener Abteilungen sind zu unterschiedlich. Ihre Aufgabe wird zunehmend weniger darin bestehen, konkrete Weiterbildungsangebote für Mitarbeiter und Mitarbeiterinnen zu konzipieren, sondern ihnen vielmehr die Möglichkeit zu verschaffen, digitale Kompetenzen zu erwerben und anzuwenden. Sie werden zum Scout für innovative Weiterbildungsangebote. Sie werden zum Initiator von Wissensnetzwerken, beispielsweise auf internen Plattformen.

Die Software, die Sie mit diesem Buch erhalten, unterstützt Sie dabei, Ideen für Ihre künftige HR-Arbeit zu entwickeln. Gleichzeitig können Sie Mitarbeiter und Mitarbeiterinnen miteinander vernetzen. Möglicherweise können Sie in Ihrem Unternehmen Businessplan Challenges stattfinden lassen: Anstatt nur theoretisch ein Seminar über die Entwicklung von Geschäftsmodellen zu besuchen, trainieren Mitarbeiter und Mitarbeiterinnen am praktischen Beispiel, wie sich digitale Geschäftsmodelle entwickeln lassen. Solche vielfältigen Ansätze werden in Zukunft mehr und mehr in die Personalarbeit einfließen.

Fazit: Für Personalarbeit/HR beginnen spannende Zeiten!

Für die Zukunftsfähigkeit Ihres Unternehmens sitzen Sie an einer entscheidenden Schaltstelle! Sie können die Abteilung Human Resources zum Treiber der Digitalisierung machen, Sie haben einen großen – wenn nicht sogar den größten – Anteil daran, wie Ihre Unternehmenskultur Digitalisierung und Innovation künftig vorantreibt. Für Sie im Bereich Human Resources eine große Herausforderung.

Unternehmen wie Google und Microsoft haben ihre HR-Abteilungen bereits seit Jahren zum Treiber der Innovationskultur gemacht: Von der Einstellung neuer Mitarbeiter und Mitarbeiterinnen über die Gestaltung des Anreizsystems bis hin zu Weiterbildungen und Karrierewegen ist Human Resources auf die Förderung von Innovation ausgerichtet. Diese Entwicklung – von der klassischen Personalarbeit hin zum Innovationsmotor – wird Ihre Tätigkeit im HR-Bereich in den kommenden Jahren stark beeinflussen.

 Entwickeln Sie Ideen für HR im digitalen Zeitalter!

Im HR-Bereich können Sie die kostenlose digitale Innovationsplattform gleich mehrfach nutzen: Sie können Ideen für Employer Branding und Kampagnen zur Personalakquise sammeln, Sie können innovative Weiterbildungsformate und -inhalte entwickeln und Sie können Ideenwettbewerbe zur Personalakquise durchführen.

Ihre digitale Zukunft im Finanzwesen: Kreative Buchhalter gesucht!

Die Zunft der Buchhalter gilt als spröde, penibel und ein bisschen langweilig. Kreative Buchhaltung ist das Schreckgespenst jedes ordentlichen Unternehmens – ein Synonym für finanzielle Zaubertricks im Inneren der Unternehmensbilanz. Keine Frage: Wer seriös ist, stellt für diesen Bereich regelkonforme Mitarbeiter ein, die erst nach den Vorschriften fragen und dann handeln.

Dummerweise werden nach diesem Muster häufig nicht nur Buchhalter ausgesucht, sondern auch andere Mitarbeiter und Mitarbeiterinnen im Finanzwesen. Die dann – wenn es um das Thema Innovation geht – genau entsprechend ihrer Qualitäten handeln: Sie fragen nach den Regeln. Wozu brauchen Sie im Finanzbereich künftig Querdenken? Warum müssen Sie Bestehendes infrage stellen? In diesem Abschnitt erfahren Sie, warum diese Qualitäten gerade dort bedeutender werden, wo Sie sie nicht vermuten. Dabei geht es nicht darum, Bilanzen zu manipulieren oder besonders kreative Steuervermeidungstricks zu erfinden. Sondern darum, das Unternehmen im digitalen Wandel von der finanzanalytischen Seite her zu unterstützen.

Der kreative Buchhalter steht als Synonym für eine Einstellung im Finanzwesen, das Bestehende kontinuierlich zu verbessern, innovative Geschäftsmodelle durch innovative Kennzahlensysteme zu unterstützen, wesentliche Informationen schneller verfügbar zu machen und Klarheit in einer immer komplexeren Welt zu schaffen. Der Finanzbereich kann sogar zum Innovationstreiber innerhalb von Unternehmen werden: Indem aus bestehenden Daten neue Fragen generiert werden, die das Unternehmen auf dem Weg in die digitale Zukunft unterstützen. In diesem Abschnitt lernen Sie die wesentlichen Treiber kennen, die Ihr Jobprofil in den kommenden Jahren beeinflussen werden.

Es wird Zeit, den Ruf des kreativen Buchhalters wiederherzustellen! Mehr noch: Es wird Zeit, gezielt nach kreativen Buchhaltern zu suchen. Und so einen Teil dazu beizutragen, die Innovationsfähigkeit von Unternehmen zu steigern. Im Finanzwesen werden Sie in den kommenden Jahren drei wesentliche Herausforderungen bewältigen müssen.

Herausforderung 1: Klarheit in Zeiten wachsender Komplexität schaffen

Unternehmen, die im digitalen Wandel agil und schnell reagieren wollen, brauchen einen erhöhten Grad an Flexibilität. Durch unterschiedliche Organisationseinheiten: Von zentralen, durch Prozesse gesteuerten Einheiten bis hin zu kleinen Teams, die autonom agieren, werden in Zukunft unterschiedlichste Organisationsstrukturen im Unternehmen zu finden sein.

Dies bringt wachsende Komplexität mit sich: Unterschiedliche KPI-Systeme, verschiedene Arten der Businessplan-Rechnung, neue Formen der Erfolgskontrolle. Im Finanzwesen wird für Sie dabei eine wesentliche Herausforderung darin bestehen, die Komplexität nicht zusätzlich zu erhöhen. Sondern für Klarheit zu sorgen.

Dies erfordert es, die Daten der unterschiedlichen Strukturen verschiedener Einheiten zusammenzutragen. Und Werte vergleichbar zu machen, die sich natürlicherweise nicht miteinander vergleichen lassen. Die Erfolgsrechnung eines bewährten Produktes sieht anders aus als die eines neuen Produktes und einen neuer digitalen Dienstleistung.

Herausforderung 2: Finanzinformationen schneller verfügbar machern

Das Internet ist das Medium wachsender Geschwindigkeit. Die Anforderungen werden künftig darin bestehen, Finanzinformationen auf Knopfdruck zur Verfügung zu stellen. Und zwar nicht nur Daten wie eine umfangreiche betriebswirtschaftliche Auswertung, sondern Erfolgskennzahlen und Informationen, die kurzfristige Entscheidungen unterstützen. Das Ziel: Finanzinformationen, grafisch perfekt aufbereitet in Echtzeit. Dies wird lange dauern, doch das Business der Zukunft wird solche Unterstützung benötigen.

Herausforderung 3: Neue Fragen aus bestehenden Zahlen formulieren

Im Finanzwesen tragen Sie entscheidend dazu bei, inwieweit Ihr Unternehmen künftig Investitionen in die Digitalisierung gleichermaßen sinnvoll wie visionär tätigen kann.

Beispiel In einem der spannendsten und kreativsten Finanzmeetings, das ich je hatte, sagte mir der Finanzchef eines mittelständischen Getränkeherstellers: »Wir haben alle Informationen, uns fehlen die spannenden Fragen.« Neue Muster in Daten zu erkennen, neue Chancen zu entdecken, neue Zusammenhänge zu identifizieren – diese Aufgaben werden immer wichtiger.

Entwickeln Sie Ideen für Ihre digitale Zukunft im Finanzwesen!

Überlegen Sie gemeinsam mit Kollegen und Kolleginnen aus anderen Fachbereichen, wie Sie die Rolle des Finanzwesens weiter optimieren können: Wie kann der Finanzbereich die digitale Transformation noch besser unterstützen? Welche innovativen Kennzahlensysteme helfen anderen Fachbereichen wirklich? Wie können Informationen besser und zielgerichteter aufbereitet werden? Mit Ihrer kostenlosen digitalen Innovationsplattform können Sie direkt loslegen.

Digitale Produktion: Mehr als nur Automatisierung

Wenn von Digitalisierung und Arbeitsplatzabbau die Rede ist, dann zuerst in der Produktion: Die Vision der menschenleeren Zukunftsfabrik treibt die Diskussion an. Der Mensch als Störenfried in einer perfektionierten Produktion: Roboter – unterstützt durch künstliche Intelligenz – fertigen Produkte nicht nur, sie treffen auch komplexe Entscheidungen selbst. Dabei sind Trends wie der Einsatz von Robotern in der Produktion zunächst einmal nichts Neues. Gerade wenn Sie beispielsweise im Bereich der Automobilproduktion arbeiten, arbeiten Sie wahrscheinlich seit Jahren Hand in Hand mit Robotern.

Beispiel Auch andere Trends der Produktion sind bereits in ihren Grundzügen erkennbar:

- Wenn Sie individuelle Produkte für Kunden produzieren, beispielsweise Möbel oder Orthesen, ist Ihnen das Thema Mass Customization, also die Individualisierung von Produkten, vertraut;
- Dass Maschinen miteinander kommunizieren und durch komplexe IT-Systeme gesteuert werden, ist bereits Alltag – neu ist vielleicht, dass Sie Daten über Ihr Smartphone abrufen können;
- Vielleicht experimentieren Sie auch bereits seit Längerem mit Technologien des 3-D-Drucks.

In der Produktion wird es in den kommenden Jahren praktisch nichts geben, was es nicht bereits irgendwo gibt. Allerdings werden sich Trends auf fast alle Produktionsbereiche ausdehnen:

- Entwicklungen, die bislang nur in wenigen Produktionsbereichen – beispielsweise Robotik in der Automobilindustrie – zu finden waren, werden sich auf andere Bereiche ausweiten;
- Ansprüche von Kunden werden dafür sorgen, dass Sie zunehmend schneller und individueller produzieren müssen;
- Komplexe Produktionsanlagen werden künftig mehr Messdaten liefern und verarbeiten. Dafür werden unter anderem Konzepte wie der digitale Zwilling von Produktionsanlagen sorgen, die beispielsweise von Siemens vorangetrieben werden.

Diese Themen werden dazu beitragen, die Produktionseffizienz zu erhöhen, indem Kompetenzen von Menschen durch Algorithmen unterstützt beziehungsweise ersetzt werden.

Beispiel Der Einsatz von Robotik und künstlicher Intelligenz wird sich in fast alle Produktionsbereiche ausweiten

Ein Roboter, der Pizza zubereitet? Ein Roboter, der einem Hirnchirurgen assistiert? Oder ein Roboter als Handwerksgeselle? Keine Fantasie. In Zukunft werden mehr und mehr Roboter Einzug in den Alltag halten. Und zwar auch dort, wo sie bislang nicht im Einsatz sind. Möglich machen dies Technologien wie die des dänischen Unternehmens Universal Robots. Im Rahmen einer Veranstaltung halte ich eine Keynote und führe intensive Gespräche über die Strategie des Unternehmens. Die Vision von Universal Robots ist einfach: Das, was bislang große Roboter machten, soll in die Breite gebracht werden. Durch leistungsstarke Roboter und eine einfach zu programmierende Technologie, die einen Einsatz praktisch in jedem Unternehmen möglich macht.

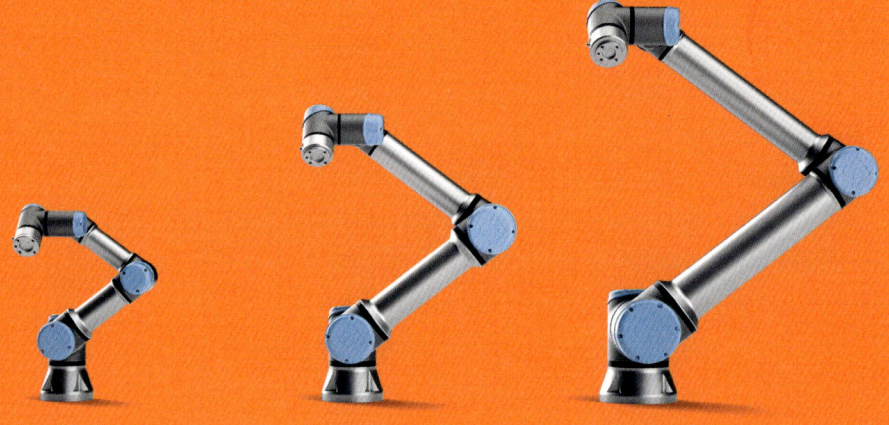

Roboter werden kleiner und flexibler: Universal Robots.

Vor allem Routinetätigkeiten können von Robotern deutlich schneller und effizienter erledigt werden. Und zwar auch dort, wo es bislang nicht möglich war. Ein Beispiel: Erkennen und Sortieren von farbigen Kugeln in unterschiedlicher Größe. Diese sollen in verschiedene Pakete sortiert werden. Ein Roboter, der mit einer Kamera verbunden ist und bei dem im Hintergrund eine künstliche Intelligenz lernt, welche Kugel mit hoher Wahrscheinlichkeit in welches Paket gehört, kann solche Aufgaben nach einer Anlernzeit fehlerfreier und effizienter durchführen als ein Mensch. Auch im Bereich der Fehlerkontrolle werden solche Systeme künftig mehr und mehr zum Einsatz kommen.

Das Beispiel des Pizzabringdienstes Zume Pizza aus Kalifornien zeigt sehr deutlich: Dort, wo bislang der Einsatz von Robotern wirtschaftlich nicht sinnvoll war, wird es in Zukunft mehr und mehr rentabel. Zume bereitet Pizzen mithilfe von Robotern zu. Ende 2018 hat das Unternehmen für seine Expansion 365 Millionen Dollar akquiriert. Die Technologie ist auch in Europa auf dem Vormarsch: Das französische Start-up Ekim hat 2018 einen dreiarmigen Pizzaroboter vorgestellt, der einhundertzwanzig individuell belegte Pizzen pro Stunde herstellen kann – alle dreißig Sekunden eine. Die Technologie soll in einem Restaurant zum Einsatz kommen, das rund um die Uhr geöffnet hat – an sieben Tagen in der Woche.

Die Übertragung von Spezialtechnologien in die breite Wirtschaft ist der Treiber im Bereich der Produktion. Ein Zukunftsszenario wie dieses wird in den kommenden Jahren denkbar:

- Ein Roboter, der nach dem Bestelleingang von Kunden automatisch die entsprechenden Zutaten auf die Pizza bringt,
- ein weiterer, der sie in den Ofen schiebt und sie wieder herausnimmt,
- ein dritter, der die Pizza verpackt und an eine Drohne beziehungsweise ein autonomes Lieferfahrzeug übergibt.

Technologisch gesehen ist dies heute bereits möglich. In der Produktion werden Menschen mehr und mehr zu Entwicklern und Kontrolleuren von Produktionsprozessen. Nur dort, wo Robotik auf absehbare Zeit nicht sinnvoll eingesetzt werden kann, werden weiterhin Menschen die Schnittstellen überbrücken.

Was heißt das für die Produktion? Ist Ihr Job damit automatisch überflüssig? Unbestreitbar ist, dass hochautomatisierte Produktionsstätten weniger Menschen benötigen, als es in früheren Zeiten der Fall war. Prof. Dr.-Ing. Nils Luft von der FH Aachen macht es in einem Vortrag am Tag der Forschung seiner Hochschule 2019 deutlich: Funktionen wie Operations und Instandhaltung werden erhalten bleiben, die Reduktion wird vor allem in der Logistik und im Bereich der Werker – also der Arbeiter – erfolgen.

Digitalisierung: Neue Chancen für Standorte mit hohem Lohnniveau

Durch die Digitalisierung ergeben sich neue Szenarien für die Zukunft der Produktion – gerade mit einer zunehmenden Fokussierung auf individualisierte Produkte und schnelle Lieferzeiten. In den vergangen Jahren wurden Arbeitsplätze vor allem deshalb ins Ausland verlagert, weil die Produktionskosten dort günstiger waren. Doch diese Verlagerung brachte auch Nachteile mit sich: Um einen Sportschuh zu produzieren und ins Geschäft zu bringen, brauchte Adidas in der Vergangenheit rund einhundertzwanzig Tage. Die meisten Arbeiten werden per Hand verrichtet.

Digitalisierung und Automatisierung bieten hier Chancen für Standorte mit hohem Lohnniveau.

Der Wandel wird nicht von heute auf morgen stattfinden. Vor allem Produktionsstätten, die neu geplant werden, werden hochautomatisiert sein. So wie bei Baxter Deutschland in Hechingen, wo ich eine Keynote gehalten habe. Das Unternehmen stellt hoch spezialisierte Filter für die Blutwäsche her. Die Produkte werden von Hechingen aus in die ganze Welt exportiert. Um das Wachstum zu bewältigen, wurde eine neue Produktionsanlage gebaut.

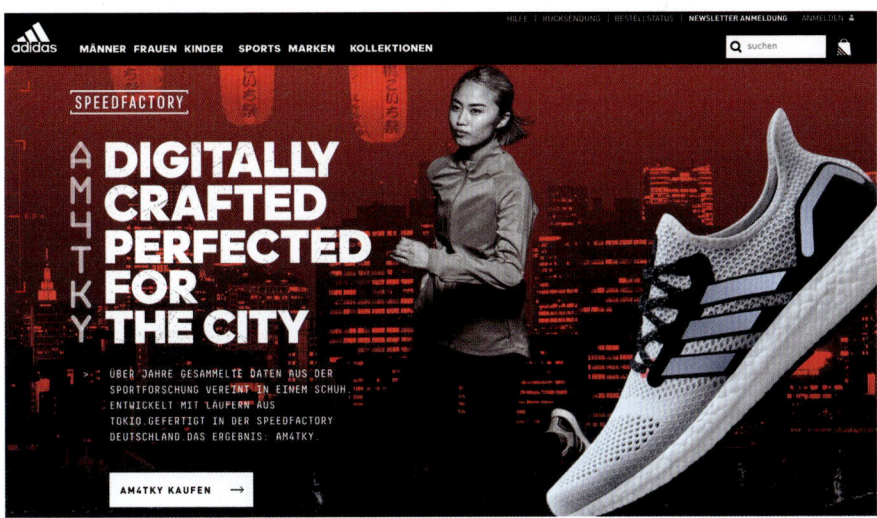

Adidas wirbt offensiv mit dem Speedfactory-Konzept.

Beispiel In der Speedfactory von Adidas in Bayern werden die meisten Arbeitsschritte von Robotern verrichtet. Auch Nike investiert in diese Art der Produktion. Morgan Stanley schätzt, dass 2023 etwa 20 Prozent der Sportschuhe beider Hersteller aus hochautomatisierten Fabriken stammen. Durch den hohen Automatisierungsgrad benötigt Adidas einhundertsechzig Mitarbeiter am Standort Ansbach. Fabriken in China und Vietnam haben fünfhundert bis tausend Arbeiter und Arbeiterinnen. Möglich ist dies durch leistungsstarke Roboter und eine einfach zu programmierende Technologie, die einen Einsatz praktisch in jedem Unternehmen möglich macht.

Der Unterschied zur alten: Nur noch wenige Tätigkeiten werden von Hand verrichtet.

Zunehmende Automatisierung und Unterstützung durch Algorithmen bedeutet auf der einen Seite, dass Arbeitsplätze abgebaut werden. Und auf der anderen, dass Produktionsfälle realisiert werden können, die bislang für Standorte mit einem hohen Lohnniveau schlicht und ergreifend zu teuer waren.

Während in den Neunzigerjahren Produktionsstandorte mit hohen Lohnkosten vor allem als Wettbewerbsnachteil galten, werden durch Digitalisierung und Automatisierung mehr und mehr die Vorteile sichtbar.

Schnelle Reaktionszeiten: Eine Produktion mitten im wichtigen Kernmarkt Europa erlaubt es, schnell auf sich verändernde Kundenbedürfnisse zu reagieren und die Produktion den Bestellungen anzupassen. Produktionen in Niedriglohnländern wie China brachten diesbezüglich Nachteile. Es wurde auf Vorrat produziert, niedrige Lohnkosten in China mussten durch Lagerkosten in Deutschland beziehungsweise anderen europäischen Ländern ausgeglichen werden.

Geringere Komplexität: Wenn Kunde und Produzent in einem einheitlichen Wirtschaftsraum (beispielsweise der EU) sitzen, hat dies unstrittige Vorteile. Ein einheitlicher Rechtsrahmen, geringe Schwierigkeiten mit gesetzlichen Vorgaben, ein gemeinsamer Sprachraum.

Besserer Schutz von geistigem Eigentum: Die Auslagerung der Produktion in Niedriglohnländer führt unweigerlich dazu, dass vor Ort Know-how aufgebaut wird. Beispiel Sportschuhe: Zunächst werden die Schuhe in China produziert. Vor Ort werden Arbeiter und Arbeiterinnen ausgebildet, die Schuhe in allen Produktionsschritten zu fertigen. Wenige Jahre später entschließt sich das Management, die Produktion in ein Land mit noch niedrigeren Löhnen zu verlagern. Die Gefahr: Das Unternehmen in China produziert einfach weiter. Plagiate überschwemmen den Markt. Eine hohe Automatisierung trägt dazu bei, wertvolles geistiges Eigentum in Europa zu lassen.

Herstellung individualisierter Produkte: Vom Autokonfigurator über den Turnschuhkonfigurator bis hin zur Bestellung eines Maßanzugs: Das Internet macht es problemlos möglich, Produkte individuell konfigurierbar zu machen. Nur müssen diese dann auch in der Internetgeschwindigkeit hergestellt und geliefert werden. Eine Erfahrung, die beispielsweise die Möbelbranche bewegt (siehe Beispiel auf der nächsten Seite).

Ihre Tätigkeit in der Produktion wird davon in den kommenden Jahren geprägt sein: schneller und individueller produzieren.

Länder, die sich bislang wie selbstverständlich als verlängerte Werkbank empfunden haben, erhalten Konkurrenz durch hoch automatisierte, miteinander vernetzte digitale Produktionsprozesse in Europa. Eine Entwicklung, die zu Hochzeiten der Produktionsverlagerung nicht vorstellbar war. Digitalisierung und Automatisierung beeinflussen die gesamte Produktionskette. Und sie haben einen Einfluss auch über einzelne Standorte in Deutschland und Europa hinaus.

Beispiel Bei einem Branchenevent der Möbelfertigung vom Ferdinand Holzmann Verlag in Düsseldorf diskutiere ich mit mehr als einhundert Geschäftsführern und Produktionsleitern der Möbelindustrie über Kundenbedürfnisse der Zukunft. Die Industrie ist heute bereits auf die Produktion individueller Möbelstücke eingestellt: Ein Sofa in verschiedenen Farben, in mehreren Ausführungen und in bestimmten – dem Kunden angepassten – Maßen ist selbstverständlich. Nur dauert die Produktion häufig sechs bis acht Wochen. Vielen Kunden, die es gewohnt sind, dass Amazon und Zalando häufig noch am gleichen Abend liefern, sind diese Lieferzeiten inzwischen nicht mehr vermittelbar. Die Herausforderung für die Möbelbranche: Den Prozess beschleunigen. Sechs Tage statt sechs Wochen.

Wie 3-D-Druck die Produktion verändert

Ich halte eine Keynote auf dem 3-D-Druck-Kongress in München. Vor Ort werden die neuesten Entwicklungen diskutiert. Die Technologie hat in den vergangenen Jahren extreme Fortschritte gemacht. Zu Beginn von vielen als technisches Spielzeug angesehen, das kleine Plastikfiguren produzieren kann und dafür ewig braucht, hat sich 3-D-Druck inzwischen etabliert. Selbst komplexe Metallteile lassen sich inzwischen problemlos drucken. In ihrer Qualität stehen sie vielfach »normal« produzierten Teilen in nichts nach.

3-D-Druck wird künftig wie selbstverständlich in Produktionsprozesse integriert werden, unter anderem durch zunehmende Industrie- und Qualitätsstandards. Zunehmend wird der Druck von Metall dabei eine Rolle spielen.

Beispiel

- Mit dem Light Rider hat Airbus den weltweit ersten Motorrad-Prototyp aus dem 3-D-Drucker vorgestellt.
- BMW Motorrad stattet über zweihundertfünfzig Vertriebspartner mit einem fest installierten 3-D-Drucksystem aus. Ersatzteile können direkt vor Ort ausgedruckt werden.
- Wissenschaftler aus Madrid haben eine funktionsfähige, mehrschichtige, menschliche Haut gedruckt.
- Das amerikanische Start-up Icon druckt komplette Häuser in nur vierundzwanzig Stunden. Die Material- und Arbeitskosten liegen unter 4.000 Dollar. Inzwischen plant das Unternehmen den Druck einer kompletten Siedlung für vierhundert Menschen.

Ein Haus aus dem 3-D-Drucker.

3-D-Druck wird die Zukunft der Produktion in spezifischen Teilbereichen bestimmen. Es ist kein Ersatz für Massenproduktion. Als wir mit der Firma Faurecia im Rahmen eines Innovationsprojekts zusammenarbeiten, treffe ich das Topmanagement in der Nähe von Paris. Faurecia produziert den sogenannten Front End Carrier im Auto: Den Träger, in den die Scheinwerfer und der sogenannte Kühlergrill vorne eingesetzt werden. Theoretisch ließe sich ein Front End Carrier mit 3-D-Druck produzieren. Oberflächlich betrachtet ist es nichts weiter als ein sehr großes Stück Kunststoff. Doch gerade bei solchen Teilen werden die Nachteile des 3-D-Drucks deutlich: Für hoch spezialisierte Produkte, die millionenfach in kürzester Zeit kosteneffizient produziert werden müssen, ist 3-D-Druck – bislang zumindest – nicht geeignet.

Die Revolution des 3-D-Drucks besteht in anderen Vorteilen:

Individualisierung ganzer Produkte oder von Teilprodukten:
Ein Produkt, das in Deutschland zwanzig Mal verkauft wird, in
Frankreich zehn Mal, in den USA dreißig Mal und in China fünfzehn Mal, ließ sich in der Vergangenheit gar nicht oder nur
äußerst hochpreisig produzieren. Auch die Ergänzung eines Mas-
senprodukts um eine individuelle Komponente ist mit klassischen
Produktionsverfahren nur schwierig zu realisieren. 3-D-Druck wird
hier für ganz neue Möglichkeiten sorgen.

Ersatzteilproduktion: Eine spezielle Halterung für einen Staub-
sauger aus dem Jahr 1978. Ein Ersatzteil für einen Oldtimer. Oder
die Abdeckung für eine Textilmaschine aus den Neunzigerjahren.
Die Produktion und die Bereitstellung von Ersatzteilen solcher Art
waren in der Vergangenheit schwer. Große Ersatzteillager wurden vorgehalten, dazu eine Logistik, die die Auslieferung möglich macht. Ersatzteile haben es an sich, dass sie sofort benötigt
werden. 3-D-Druck wird hier eine elementare Rolle spielen. Möglicherweise werden sich Kunden Ersatzteile zu Hause selbst drucken. Anderswo wird es spezialisierte Produktionsstätten geben,
die die Ersatzteile nach vorgefertigten Qualitätskriterien ausdru-
cken und die Qualitätssicherung übernehmen.

3-D-Druck wird eine Dezentralisierung der Produktion und eine
zunehmende Individualisierung von Produkten bewirken.

Fazit: Produktion wird komplexer, vernetzter und anspruchsvoller

In jedem Bereich der Produktion werden die Anforderungen in den kommenden Jahren komplexer und anspruchsvoller. Selbst landwirtschaftliche Betriebe werden zu Hightech-Produktionsunternehmen, die ihre Effizienz und Produktionsqualität durch den Einsatz digitaler Technologien immer weiter erhöhen. So melden beispielsweise im Weinbau künftig Sensoren, ob ein Weinberg gewässert werden muss. Und sie analysieren, wie viel Dünger ein Rebstock braucht, damit er einen optimalen Ertrag abwirft. Der Weinberg auf dem Smartphone.

In bestehenden Produktionsanlagen – egal ob Fabrik, Pizzadienst oder Landwirtschaft – werden sich Digitalisierung und Automatisierung erst nach und nach auswirken. Neu entstehende Produktionsstätten werden jedoch hoch automatisiert sein und speziell qualifizierte Mitarbeiter und Mitarbeiterinnen benötigen. Als Donald Trump im Wahlkampf versprach, er werde die Produktion in die USA zurückholen, versprach er damit nichts Unmögliches. Doch sein Versprechen, dass die alten Arbeitsplätze wiederkommen, ist unrealistisch. Diese Vorstellung entspricht dem Managementdenken der Achtziger- und Neunzigerjahre.

Entwickeln Sie Ideen für die Produktion im digitalen Zeitalter!

Nutzen Sie Ihre kostenlose digitale Innovationsplattform, um Ideen aus Trends und Technologien heraus zu entwickeln. Überlegen Sie, welche Prozesse Sie innerhalb Ihrer Produktion digitalisieren können, welche Chancen innovative Technologien wie der 3-D-Druck bieten oder wie Sie schneller und individueller produzieren können.

Ihre Zukunft im Kundenservice: Werden Sie zum Chatbot?

Kundenservice ist ein breites Feld. Es reicht von der einfachen Annahme von Anrufen über die Betreuung von Fragen bis hin zu Reparaturen und Serviceleistungen. Doch Kundenservice ist nicht gleich Kundenservice. Es gibt drei Bereiche:

Kundenservice als notwendiges Übel: Am liebsten würde Ihr Unternehmen darauf verzichten, doch dummerweise lassen sich Kundenanfragen häufig nicht anders beantworten. »Bitte können Sie mir meine Rechnung erklären.«; »Ich habe ein Problem mit der Bedienung Ihres XY-Gerätes.«; »Wie genau heißt das Ersatzteil, das sich quer oberhalb der 13er-Muffe befindet?« Kundenservice ist vor allem dafür da, Probleme zu lösen. Probleme durch fehlerhafte Funktionen, durch falsche Bedienung oder im Zusammenhang mit der Nutzung.

Kundenservice als Erfolgsparameter: Ohne eine temporäre Betreuung durch den Kundenservice wären ein Produkt oder eine Dienstleistung gar nicht oder nur teilweise nutzbar. Ein Produkt oder eine Dienstleistung werden gekauft, um beispielsweise für Unternehmen einen klar definierten Erfolg zu erzielen. Denn das Produkt, das Kunden benutzen, ist nur Mittel zum Zweck. Eigentlich kaufen sie den Erfolg. So ist beispielsweise ein Firmenintranet nur dann wirklich wertvoll, wenn es von Mitarbeitern und Mitarbeiterinnen aktiv angenommen wird und der Verbesserung der Kommunikation dient. Entsprechend wird der Kunde im Rahmen des Set-up und während der Produktnutzung immer wieder begleitet.

Kundenservice als Umsatztreiber: Diese Art von Service kennen Sie von Ihrem Autohaus. Sie kaufen ein Fahrzeug, anschließend verdient die Werkstatt an Inspektionen und Reparaturen. Diese Art von Service ist häufig ein eigenständiges Geschäftsfeld, das maßgeblich zu Umsatz und Gewinn des Mutterunternehmens beiträgt. Oder das eigenständig betrieben wird, wie beispielsweise eine freie Werkstatt.

Ihre Zukunft im Kundenservice hängt maßgeblich davon ab, zu welchem dieser drei Modelle Sie gehören. Entsprechend werde ich Ihre Zukunft im Service in diese drei Bereiche aufteilen.

Kundenservice als notwendiges Übel

Eigentlich ist diese Art von Kundenservice etwas, was alle Abteilungen im Unternehmen lieber tunlichst vermeiden würden.

- Jeder Anruf wegen einer Rechnung, die Kunden nicht verstehen, kostet Geld;
- Jede Nachfrage wegen eines Bedienungsproblems verursacht Aufwand – und damit Kosten – auf Seiten des Anbieters;

- Und jedes Mal wenn ein Kunde nicht weiß, wie ein Teil heißt, wirkt sich dies unmittelbar auf die Margen im Ersatzteilgeschäft aus.

Entsprechend haben Unternehmen in diesem Bereich bereits in den vergangenen Jahren vor allem die Kostenschrauben angesetzt. So wurden Kundenportale ins Leben gerufen, in denen alle Dokumente und Unterlagen zu einem Vertrag sicher gespeichert sind. Auch die Kommunikation mit Kunden kann durch solche Tools schnell und einfach organisiert werden.

Beispiel Beispielhaft für diese Entwicklung ist die Diskussion um eine Verlegung von Callcentern: Zunächst wurden sie vor allem in Ostdeutschland angesiedelt, weil die Löhne dort niedriger waren. Später wurden sie ins deutschsprachige Ausland verlagert, wobei deutschsprachig irgendwann ein relativer Begriff war. Die Folge waren lange Warteschlangen in den Leitungen und Kunden, die über diesen Zustand alles andere als glücklich waren. Hier wurden geschickt die eigenen Kostenblöcke zum Kunden verlagert. Dem Unternehmen sparte es Geld, für den Kunden kostete es Zeit. Doch solange Kunden deshalb nicht scharenweise kündigten, war es letztlich auch egal.

Eine intelligente Suchfunktion für Fragen auf der eigenen Homepage, ein Chatbot, ein Spracherkennungssystem wie Alexa oder Chat-Systeme mit Serviceagenten haben aus Sicht von Unternehmen Vorteile für alle Seiten. Sind sie gut gemacht, erhöhen sie die Servicequalität, denn Kunden kommen schneller zum gewünschten Ergebnis. Zugleich senken sie die Kosten für das Unternehmen. In diesem Bereich des Kundenservice werden Mitarbeiter nach und nach durch digitale Lösungen ersetzt oder ergänzt werden. Zumal diese heute praktisch überall verfügbar sind. Mit Diensten wie Amazon Lex können Sie innerhalb kürzester Zeit Ihren ersten eigenen Chatbot entwickeln – ohne dass Sie über Programmierkenntnisse verfügen müssen.

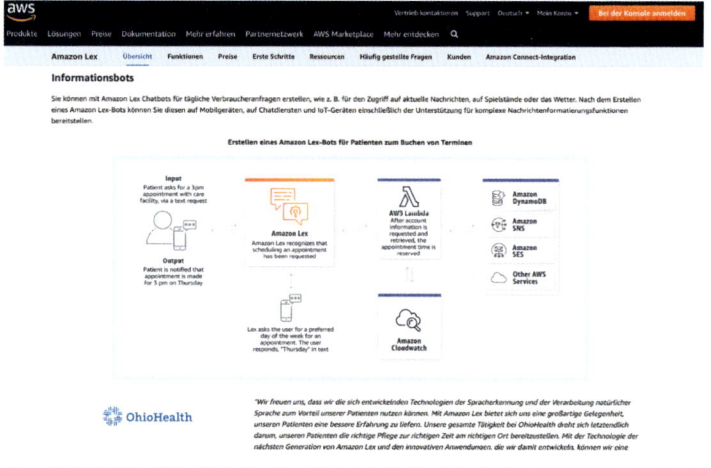

Kundeninteraktionen mit einem niedrigen Komplexitätsgrad werden künftig mehr und mehr durch solche Technologien abgewickelt werden. Wenn Sie im Kundenservice eine Tätigkeit ausüben, die relativ einfach zu bewerkstelligen ist und die viele Menschen gleichzeitig ausführen, werden diese Tätigkeitsbereiche künftig wegfallen.

Die Frage nach der Öffnungszeit einer Kundendienststelle wird in Zukunft eher von einem sprachgesteuerten virtuellen Agenten als von einem Menschen beantwortet werden. Wenn es jedoch komplexer wird und Sie beispielsweise Fragen spezieller technischer Natur beantworten müssen, wird es länger dauern. Je spezifischer das Know-how, je spezieller der Anwendungsfall, desto später die Digitalisierung.

Kundenservice als notwendiger Bestandteil eines Produktes

Dieser Teil des Kundenservice ist in der Regel in Produkte und Dienstleistungen fest einkalkuliert. Im Kundenservice ist ein tiefes Verständnis für die Prozesse und Rahmenbedingungen auf der Kundenseite erforderlich. Im Fokus stehen hier weniger Probleme mit dem eigentlichen Produkt, als vielmehr der Erfolg, den dieses Produkt verspricht. Hier hat sich in den vergangenen Jahren eine neue Form des Kundenservice entwickelt: Sogenannte Customer Success Manager.

In Kundengesprächen wird mehr über Ergebnisse als über das Produkt selbst gesprochen. Es werden Anregungen gegeben, wie sich die Ergebnisse bei Kunden verbessern lassen. Wenn Sie beispielsweise eine Software zur Optimierung des Flotteneinsatzes in der Logistikbranche anbieten, ist dieses Produkt nur dann für Kunden dauerhaft interessant, wenn die Logistik nachweislich und messbar dauerhaft optimiert wird. Oder im Ideen- und Innovationsmanagement: Unser Customer Success Management spricht beispielsweise mit Kunden darüber, wie die Anzahl von Ideen in der Innovation Pipeline erhöht werden kann.

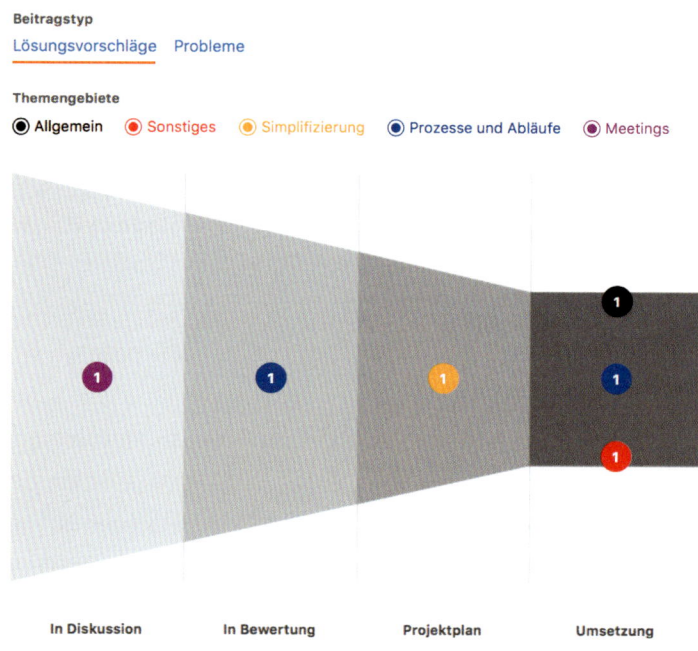

Beitragstyp
Lösungsvorschläge Probleme

Themengebiete
● Allgemein ● Sonstiges ● Simplifizierung ● Prozesse und Abläufe ● Meetings

In Diskussion In Bewertung Projektplan Umsetzung

Zu wenig Ideen in der Pipeline? Im Innovationsmanagement ein Fall
für das Customer Success Management.

Im Customer Success Management vereinbaren Sie mit Ihren Kunden messbare Kennzahlen, die es zu optimieren gilt. In manchen Unternehmen sind Vertrieb und Customer Success Management eng miteinander verschmolzen, mitunter sogar in Personalunion. Dann nämlich, wenn der Vertriebserfolg nicht der Einsatz eines Produktes beim Kunden, sondern der Kundenerfolg ist. Customer Success Management kann temporär – also beispielsweise in der Einführungsphase eines neuen Produktes – erfolgen. Es kann eine dauerhafte und regelmäßige Begleitung von Kunden sein. Oder temporärer Kundenservice zu bestimmten Anlässen.

- In der Einführungsphase eines Produktes werden Schulungen durchgeführt, aber auch beim Kunden die notwendigen Rahmenbedingungen dafür geschaffen, dass der Einsatz erfolgreich ist. So bedingt beispielsweise der Einsatz einer Software häufig strukturelle und organisatorische Veränderungen, die durch das Customer Success Management begleitet werden.
- Ein dauerhaftes Customer Success Management bedeutet eine enge Verzahnung zwischen Anbietern und Kunden. Mitunter existieren Schnittstellen zum dritten Bereich des Kundenservice, möglicherweise werden Beratungspartner ins Leben gerufen (siehe nächsten Abschnitt).
- Customer Success Management bei temporären Anlässen: Die Aufgabe des Customer Success Managements besteht darin, den Einsatz eines Produktes oder einer Dienstleistung beim Kunden dauerhaft zu überwachen. Gehen bestimmte Erfolgsindikatoren zurück, wird eingegriffen.

Im Customer Success Management werden digitale Lösungen in Zukunft eher unterstützend eingesetzt werden. Insgesamt hat dieser Bereich des Kundenservice eine größere Zukunft als der erste. Je komplexer Lösungen in Zukunft werden, desto größer ist der Bedarf an Mitarbeitern und Mitarbeiterinnen, die Erfolge bei Kunden kontinuierlich begleiten.

Ihre Zukunft im bezahlten Service

Egal, ob Sie in einer Autowerkstatt arbeiten und an Reparaturen und Wartungen verdienen, oder in der Beratung tätig sind und auf Honorarbasis arbeiten: Digitalisierung wird in den kommenden Jahren dazu dienen, die Qualität Ihrer Serviceleistung zu verbessern und neue Servicefelder zu erschließen. Auch wird sie dazu dienen, Ihre Kundendienstleistungen effizienter zu erbringen, um Margen zu steigern. Mitunter werden digitale Lösungen auch dazu eingesetzt, um neue Bedarfe für Dienstleistungen zu generieren. Zeigt beispielsweise ein neues digitales Berichtstool auf, dass bestimmte Zielwerte sinken, entsteht hier erweiterter Beratungsbedarf, wie diese Ziele besser erreicht werden können.

Die digitale Zukunft im Kundenservice ist widersprüchlich

Kostensenkung auf der einen, Generierung von Servicebedarf auf der anderen Seite.

- Einfachere Tätigkeiten im Kundenservice werden mehr und mehr digitalisiert werden, um sie hochwertiger und zugleich kostengünstiger durchzuführen. Das bedeutet nicht unbedingt, dass diese Jobs komplett verschwinden. Im Gegenteil: Wenn sich Kunden einmal daran gewöhnt haben, dass es für jede Frage eine schnelle und einfache Antwort gibt, werden sie digitale Lösungen und persönliche erbrachte Kundendienstleistungen miteinander kombinieren.

Wenn Sie im ersten Bereich »notwendiges Übel« tätig sind, überlegen Sie, wie Sie ihr Tätigkeitsprofil Schritt für Schritt zu dem eines Customer Success Managers erweitern und ausbauen können. Überlegen Sie, worin der eigentliche Nutzen eines Produktes für Kunden besteht. Versetzen Sie sich tiefer in die Lage und in die Prozesse Ihrer Kunden. Überlegen Sie, welche digitalen Hilfsmittel Ihre Kunden dabei unterstützen, eigene Erfolge transparenter zu sehen.

- Der Trend geht vom einfachen Kundenservice zum Customer Success Management.
- Und das kostenlose Customer Success Management wird in den kommenden Jahren – gerade bei komplexeren Bereichen – mehr und mehr in den bezahlten Bereich übergehen. Denn für alle Unternehmen stellt sich früher oder später die Frage: Wie können wir mit unserem bestehenden Kundenstamm mehr Umsatz generieren?

 Entwickeln Sie Ideen für die Zukunft Ihres Kundenservice!

Überlegen Sie, welche bestehenden Serviceangebote Sie künftig digital abbilden möchten und in welchem Bereich Sie neue Services entwickeln möchten. Mit der Software zum Buch können Sie direkt damit loslegen!

Digitalisierung betrifft alle Tätigkeitsbereiche im Unternehmen

In diesem Abschnitt habe ich nicht alle Jobprofile angesprochen, die es in einem Unternehmen gibt. Das wäre – angesichts der vielen neu entstehenden Tätigkeitsfelder – auch schwer möglich. Ziel war es, Ihnen zu vermitteln, dass Digitalisierung Sie und Ihr ganzes Unternehmen betrifft – nicht nur einzelne Abteilungen oder Bereiche. Das macht Digitalisierung anders als beispielsweise der Bereich der Produktinnovation, der in der Vergangenheit häufig die Angelegenheit einzelner Abteilungen war. Das Produkt war neu – der Rest des Unternehmens machte weiter wie bisher.

Zum Schluss dieses Kapitels erfahren Sie, wie Sie persönlich zum digitalen Gewinner werden können. Im nächsten Kapitel gehe ich dann auf Ihr Unternehmen ein, bevor es schließlich zum letzten Kapitel übergeht. Dort erfahren Sie, wie Sie Digitalisierungsstrategien mithilfe der kostenlosen digitalen Innovationsplattform in Ihrer Abteilung beziehungsweise in Ihrer Organisation umsetzen können.

Wenn Sie es negativ sehen, werden Sie sagen: »Ach du Schreck, dann betrifft mich das ja auch.« Aber wenn Sie es negativ sehen würden, hätten Sie wahrscheinlich dieses Buch nicht gekauft. Von daher vermute ich, dass Sie eher sagen: »Prima. Egal, in welchem Bereich ich tätig bin, ich kann die Chancen der Digitalisierung für mich nutzen.«

So werden Sie zum digitalen Gewinner

Gerade haben Sie erfahren, wie sehr die Digitalisierung alle Aufgaben und alle Jobprofile im Unternehmen in den kommenden Jahren verändern wird. Ich möchte Sie auf keinen Fall achselzuckend zurücklassen: »Hmmm, schön, dass ich das alles weiß. Doch was heißt das für mich?« Ich möchte Ihnen eine persönliche Strategie vorstellen: Denkansätze, die Sie dabei unterstützen sollen, Ihren persönlichen Weg im digitalen Zeitalter zu finden.

Los geht's! Entwickeln Sie Ihre persönliche Digitalisierungsstrategie!

»Okay«, sagen Sie. »Überzeugt. Ich möchte zu den digitalen Gewinnern gehören.« Und im nächsten Moment schießt Ihnen folgende Frage durch den Kopf: »Aber wie?« Wenn Sie sich entschließen, zu den digitalen Gewinnern zu gehören, müssen Sie sich über eines im Klaren sein: Die Entwicklung Ihrer persönlichen

Strategie wird nicht mehr aufhören! Digitalisierung ist mit Abstand die dynamischste Entwicklung, die es gibt. Sie werden es unmöglich schaffen, in jedem Gebiet eine tiefe Fachexpertise zu erwerben. Im Gegenteil: Je tiefer Sie in den Bereich der Digitalisierung vordringen, desto mehr werden Sie Sokrates zitieren: »Ich weiß, dass ich nichts weiß.« Sie werden nicht auslernen.

Die Vorbereitung

Strategieentwicklung beginnt mit einer guten Planung. Digitalisierung wird in den kommenden Monaten und Jahren zu Ihrer persönlichen Entdeckungsreise. Wie diese Reise aussieht, welche Stationen sie hat und welchen Verlauf sie nimmt, ist von Individuum zu Individuum unterschiedlich.

Genau das macht Digitalisierung so komplex. Wo wollen Sie anfangen? Wo geht es hin? Sie werden heute mit Bildungsangeboten, Studien und Artikeln förmlich überschüttet. Filtern Sie die Vielzahl vorhandener Informationen. Und entscheiden Sie zunächst, womit Sie sich in den nächsten Wochen und Monaten *nicht* auseinandersetzen wollen.

Überlegen Sie, wie viel Zeit und Energie Sie in Ihren persönlichen Entwicklungsweg investieren wollen. Möchten Sie ein Sabbatical nehmen, ins Silicon Valley reisen und sich dort mit Gründern austauschen? Möchten Sie eine Stunde täglich auf Ihrer Fahrt zur Arbeit und zurück Podcast hören? Oder können Sie sich vorstellen, neben Ihrer Arbeit ein Studium aufzunehmen und dies mit einem Positionswechsel innerhalb Ihres Unternehmens zu verbinden?

Beispiele

- Wenn Sie ein Hotel betreiben und die neuesten Trends, die gerade auf Ihrem Branchentreffen diskutiert wurden, umsetzen wollen, gehen Sie einen anderen Weg, als wenn Sie programmieren, die Umsetzung digitaler Lösungen beherrschen, jedoch die unternehmerische Seite kennenlernen möchten.
- Wenn Sie in der Lehre tätig sind, werden Sie sich möglicherweise mit digitalen Bildungskonzepten intensiv auseinandersetzen. Oder sich intensiv in Programme einarbeiten, die Sie im Rahmen Ihres Unterrichts einsetzen können.
- Wenn Sie gerade Medizin studieren, gehen Sie anders an das Thema Digitalisierung heran, als wenn Sie BWL studieren.
- Sie sind in der Landwirtschaft tätig? Natürlich können Sie einen Kurs für das Verständnis künstlicher Intelligenz belegen. Oder sich mit Verfahren der Messsensorik zur Bestimmung von Bodenqualität auseinandersetzen. Aber hilft es Ihnen weiter? Viel sinnvoller wäre es vielleicht, im ersten Schritt ein tiefes Verständnis möglicher Anwendungsfälle zu gewinnen. Das Technologieverständnis folgt später.
- Sind Sie Führungskraft in einem Konzern auf der Suche nach Möglichkeiten, Geschäftsprozesse zu digitalisieren? Für Sie kann es möglicherweise interessant sein, sich mit den Möglichkeiten Ihrer Unternehmenssoftware (zum Beispiel des ERP-Systems von SAP) näher auseinanderzusetzen.

Suchen Sie sich ein Feld, das Sie interessiert!

Nein, Sie müssen nicht jedes hippe Start-up aus Berlin kennen. Sie müssen nicht jeden neuen Presseartikel über künstliche Intelligenz gelesen haben. Und auch die unzähligen Studien zum Thema Industrie 4.0 brauchen Sie nicht auswendig lernen. Suchen Sie sich ein Thema, das Sie wirklich interessiert und setzen Sie sich damit auseinander. Gehen Sie lieber in die Tiefe als in die Breite.

Gewinnen Sie ein Verständnis dafür, wie bestimmte digitale Technologien, die in Ihrem Arbeitsbereich wichtig sind, funktionieren und welche Ergebnisse sie bringen. Sie möchten beispielsweise Ihren Kunden künftig auf Basis des bisherigen Verhaltens personalisierte Angebote zusenden?

Sie könnten sich zum Beispiel mit dem Facebook-Algorithmus auseinandersetzen. Wie werden

Definieren Sie genau, wie viel Zeit Sie in Ihre persönliche Entwicklung investieren möchten.

Nachrichten bei Facebook ausgewählt? Wo sind personalisierte Algorithmen nützlich, wo schaden sie? Gehen Sie den Dingen, die Sie interessieren, auf den Grund. Unvoreingenommen.

Erarbeiten Sie klare Lernziele für sich!

Persönliche Fortbildung im Bereich der Digitalisierung mündet schnell ins Chaos. Umso wichtiger ist es, dass Sie sich überlegen: Was möchte ich bis wann gelernt haben? Ich möchte Ihnen das an einem persönlichen Beispiel erklären: Im April 2018 habe ich in San Francisco einen sehr fruchtbaren Tag mit Jim Spohrer von IBM verbracht. Er gehört zu den renommiertesten Experten für künstliche Intelligenz. Jim hielt einen Fachvortrag darüber, welche Fähigkeiten KI in den nächsten Jahren erwerben wird und wo die Grenzen sind.

Ich definierte mir anschließend mein persönliches Lernziel: Innerhalb von drei Monaten wollte ich die unterschiedlichen Ansätze künstlicher Intelligenz soweit verstehen, dass wir erste KI-Funktionalitäten in unsere Software integrieren konnten. Und das war mein Lehrplan. Keine Seminare, kein neues Hochschulstudium, sondern das nutzen, was frei verfügbar ist.

1. Selbststudium bei YouTube. Google erklärt in einer Reihe von Videos sehr anschaulich, wie Modelle der künstlichen Intelligenz entwickelt werden können. Vieles davon war eine Wiederholung von dem, was ich bereits von Jim Spohrer erfahren hatte. Aber das macht nichts. Wiederholung, Wiederholung, Wiederholung. So lange, bis man selbst in der Lage ist, praktisch jede Fragestellung des Alltags in ein KI-Modell zu packen.

2. Untersuchung unterschiedlicher KI-Anwendungen auf die Frage hin: Wie könnte ein KI-Modell aussehen, das ein konkretes Problem löst? Ein typischer Anwendungsfall von künstlicher Intelligenz ist beispielsweise Fehlersuche bei Objekten. So können Bauteile auf Risse oder Fehler untersucht werden. Mein Ziel: Ich wollte in der Lage sein, ein KI-Modell im Kopf zu entwickeln.

Der nächste Teil meines persönlichen Lehrplans war, das Erlernte in die Tat umzusetzen. Unsere Herausforderung: Die Suche in unserer Plattform intelligenter machen. Wie kann die Software Sie dabei unterstützen, das für Sie relevanteste Ergebnis zu erhalten?

Dazu mussten wir zunächst einmal klären: Was ist Relevanz? Relevanz lässt sich in unterschiedliche Eigenschaften einteilen. Steht eine Information in näherem zeitlichem Kontext zu einem Ereignis, ist sie mit hoher Wahrscheinlichkeit relevanter, als wenn sie weiter weg ist. Ein Beispiel soll es erklären.

Beispiel

Ereignis 1: Sie haben vor zwei Jahren ein Konto bei der Sparkasse eröffnet. **Ereignis 2:** Sie haben morgen einen Termin mit der Werbeabteilung der Sparkasse.

Wenn Sie jetzt nach dem Begriff Sparkasse suchen, welche Information ist für Sie die relevanteste? Mit hoher Wahrscheinlichkeit die, die im Zusammenhang mit dem Termin morgen steht.

Fügen wir noch ein **drittes Ereignis** hinzu: Ihr Kollege Andreas hatte vor zwei Tagen ein Gespräch mit dem Sparkassenverband, der sich für Ihre Produkte interessierte. Ist diese Information für Sie relevant oder nicht? Sie ist dann relevant, wenn Sie im gleichen Feld wie Andreas tätig sind, beispielsweise im Vertrieb. Sie ist aktuell wahrscheinlich irrelevant, wenn Sie in der Buchhaltung sind.

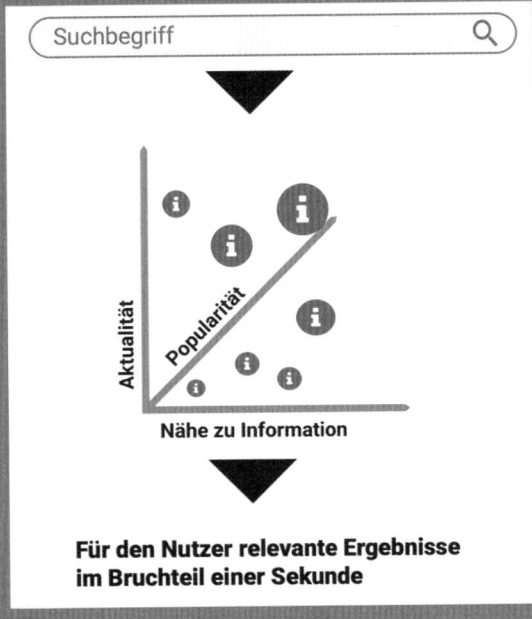

Das Ergebnis meines Lernziels: Relevanzbewertung in unserer Suche.

Das Ergebnis meines persönlichen Lernprozesses sehen Sie in der Software, die Sie zum Buch erhalten: Eine Suche, die Schritt für Schritt lernt, was für Sie wichtig ist. Auf drei Achsen bewertet das Modell die Relevanz einer Information nach drei Faktoren:

- Aktualität einer Information,
- Popularität einer Information,
- Ihre persönliche Nähe zu Informationen.

Insgesamt habe wir knapp dreißig Faktoren identifiziert, die eine Relevanz auf den drei Achsen erkennen lassen. Es sind Faktoren wie

- die Nähe zu einem künftigen Ereignis,
- die Anzahl der Beitragsklicks von Nutzern, die eng mit Ihnen verbunden sind oder
- Ihr Bezug zu diesem Beitrag (Habe ich ihn gelesen? Habe ich ihn kommentiert? Wurde ich erwähnt?).

Im Sommer 2018 haben wir die neue intelligente Suche umgesetzt, die Sie mit Ihrer kostenlosen Plattform ausprobieren können. Am Anfang werden die Ergebnisse vielleicht noch etwas unlogisch sein, aber Sie werden schnell merken: Das System lernt dazu. Im Hintergrund bewertet die Software, was Sie bei bestimmten Anfragen geklickt haben und lernt so, was für Sie persönlich relevant ist.

Versuchen Sie, Ihre Lernziele schnell zu erreichen und das Erlernte schnell in die Praxis umzusetzen. Suchen Sie sich konkrete Herausforderungen, die Sie mithilfe digitaler Technologien bewältigen möchten. Erarbeiten Sie konkrete erste Beispiele oder Prototypen, die Sie in Ihrem Unternehmen beziehungsweise vor Ihren Kunden präsentieren können.

Beispiel Sie arbeiten beispielsweise im Kundenservice und möchten lernen, wie ein Chatbot funktioniert? Informieren Sie sich über die Grundlagen der Chatbot-Entwicklung und verschiedene Möglichkeiten der Umsetzung. Beginnen Sie parallel damit, bei Services wie IBM Watson, Amazon Webservices oder der Google-Tochter Dialogflow erste Chatbots anzulegen.

Suchen Sie nach versteckten Kundenbedürfnissen

Erfolgreiche digitale Angebote haben immer zwei Komponenten: Es geht darum, versteckte Kundenbedürfnisse und innovative digitale Lösungen zusammenzubringen. Im Falle unserer smarten Suche war das Bedürfnis recht einfach zu erkennen: Um die Software für Sie so komfortabel wie möglich zu gestalten, mussten wir die Suche so gestalten, dass das relevanteste Ergebnis oben angezeigt wird. Das Problem, das wir damit gelöst haben: Zeitverschwendung bei der Suche nach relevanten Informationen.

Warten Sie mit dem Lernen nicht, bis Sie zufällig auf ein Seminar stoßen. Sondern nutzen Sie alle Informationen, die Sie über frei verfügbare Kanäle erhalten können.

Analysieren Sie parallel zu Ihren technologischen Lernzielen versteckte Kundenbedürfnisse! (Kunden können auch interne Kunden sein, also andere Teams oder Abteilungen, denen Sie zuarbeiten.) Das hat den Vorteil, dass Sie von vornherein eine Brücke zwischen Technologien und Kundenproblemen bauen können.

Beispiel

- Sie arbeiten in einem Hotel? Wie vermeiden Sie lange Schlangen beim Check-out?
- Sie studieren Medizin? Wie kann man Diagnosen automatisieren und durch Algorithmen unterstützen?
- Sie sind Führungskraft? Welche neuen Technologien können die Prozesse, die Sie digitalisieren wollen, noch effizienter machen?

Im meinem Buch *Genial ist kein Zufall* – ebenfalls erschienen im Verlag BusinessVillage – habe ich eine Denktechnik beschrieben, die Sie bei der Suche nach versteckten Kundenbedürfnissen unterstützt: Die ZAUBER-Formel. Bei der ZAUBER-Formel fragen Sie sich Folgendes.

Z	eitfresser	Wie kann ich mithilfe digitaler Technologien die Zeit meiner Kunden sparen?
A	ufwand	Wie können digitale Lösungen helfen, den Aufwand für die Erledigung bestimmter Aufgaben zu verringern?
U	nwissen	Welche Informationen können digital verfügbar gemacht werden und welches zusätzliche Wissen kann daraus generiert werden?
B	udget	Was kann durch den Einsatz digitaler Technologien und Kommunikationswege billiger angeboten werden?
E	reignisse	Wie können digitale Anwendungen Kunden dabei helfen, bessere Ergebnisse zu erzielen, das heißt, ihr Arbeitsergebnis qualitativ deutlich zu verbessern?
R	isiken	Wie können Algorithmen und digitale Anwendungen Kunden dabei unterstützen, Risiken zu vermindern?

Mit der ZAUBER-Formel können Sie Schritt für Schritt Ihren Alltag durchgehen. Und den Ihrer Kunden und Kundinnen. Sie werden feststellen: Nach kurzer Zeit automatisiert sich diese Denktechnik in Ihrem Kopf und Sie werden überall neue Probleme – und damit neue Chancen für sich – entdecken.

Überlegen Sie, wie viel Sie investieren wollen

Sie könnten sich ab heute vierundzwanzig Stunden täglich mit der Digitalisierung und Ihrer persönlichen Weiterentwicklung auseinandersetzen. Also Ihr ganzes Leben damit verbringen, zum digitalen Gewinner zu werden. Ich vermute, dass Sie Besseres zu tun haben. Deshalb an dieser Stelle eine wichtige Frage: Wie viel Zeit und wie viele Ressourcen wollen und können Sie investieren?

- Sie möchten verstehen, wie man programmiert, und nehmen Onlinekurse bei kostenlosen Anbietern wie Codecademy. Wie viel wollen Sie dafür investieren? Eine Stunde täglich? Eine Woche Ihres Jahresurlaubs? Egal, was es ist: Sie verzichten dabei auf eine Stunde Netflix am Tag oder eine Woche Strandurlaub.
- Sie sind Führungskraft und möchten in Ihrer Abteilung digitale Prozesse vorantreiben. Sie entdecken einen Kurs, der Sie interessiert. Ihre Firma beteiligt sich jedoch nur zu fünfzig Prozent an diesem Kurs. Die Begründung: Sie könnten ja das Unternehmen mit dem neuen Know-how verlassen. Wie viel sind Sie bereit zu investieren? 800 Euro? 1.500 Euro? 10.000 Euro?
- Sie sind in der Geschäftsführung eines mittelständischen Unternehmens tätig. Ihr Unternehmen wirft kontinuierlich zehn bis fünfzehn Prozent Gewinn jedes Jahr ab. Auf wie viel

Gewinn sind Sie bereit zu verzichten? Wie viel Geld wird an die Gesellschafter nicht ausgeschüttet, sondern in die digitale Zukunft investiert?

Die Frage nach der Bereitschaft zum Investment ist eine entscheidende. Amazon war jahrelang dafür berüchtigt, die eigenen Gewinne regelmäßig in den Keller zu treiben und Aktionären gigantische Verluste zu verkünden. Die Botschaft an die Aktionäre lautete sinngemäß: Wenn du als Aktionär nicht damit einverstanden bist, dass wir regelmäßig Teile unserer Gewinne in neue Ideen und Projekte investieren, sei kein Amazon-Aktionär.

Entwickeln Sie Ihre digitale Vision

Machen Sie folgende gedankliche Übung: Stellen Sie sich vor, eine Journalistin eines Wirtschaftsmagazins kommt in fünf Jahren auf Sie zu. Oder ein Journalist einer örtlichen Regionalzeitung (falls es sie bis dahin noch gibt). Sie sollen porträtiert werden. Die Geschichte wird mit folgender Schlagzeile angekündigt: »Wie ... (Ihr Name) den Weg in die digitale Zukunft fand.«

Anschließend wird ein Interview mit Ihnen veröffentlicht, das typische Fragen enthält, die man einer interessanten Persönlichkeit stellt.

Frage: »*Wussten Sie am Anfang gleich, wo Sie hinwollten?*«
Antwort: »*Nicht wirklich. Ich hatte nur ein grobes Zielbild. Das war ... (hier steht Ihr grobes Zielbild). Das war am Anfang aber noch sehr abstrakt. Ich musste erst einmal lernen, was es braucht, um dieses Ziel zu erreichen.*«

Stellen Sie die Frage nach Ihrer Investitionsbereitschaft zuerst. Für sich, für Ihre Abteilung, für Ihr Unternehmen. Denn davon hängt die Entwicklung Ihrer persönlichen digitalen Vision, die Sie gleich kennenlernen werden, maßgeblich ab. Wenn Sie Ihre ganze Kraft der Digitalisierung widmen möchten, können Sie ein Unternehmen gründen, eine Fachabteilung komplett neu denken und umstrukturieren oder einen vollkommen neuen Berufsweg einschlagen. Wenn Sie nur vier Stunden in der Woche investieren können, werden Sie sich in eine neue Lösung einarbeiten und diese innerhalb weniger Monate umsetzen können.

Frage: »Also könnte man sagen, Sie hatten keinen Plan?«

Antwort: »Ich hatte ein Ziel, aber noch keine klare Vorstellung von den Schritten dorthin. Es war eher, als hätte ich gesagt, ich möchte die Südküste Italiens kennenlernen. Ich bin erst einmal Richtung Italien losgefahren. Mit den Einzelheiten (Übernachtungen, Orte, die ich besuchen möchte und so weiter) habe ich mich erst später beschäftigt.«

Frage: »Was war denn Ihre Vision?«

Antwort: »Ich habe mir grob vorgestellt, dass ich ... (und hier tragen Sie die entscheidenden Sätze ein, die Ihnen als Vision einfallen).«

Frage: »Was mussten Sie denn dazu alles lernen?«

Antwort: »Oh, ich wusste so vieles nicht, zum Beispiel ..., ..., ... (hier tragen Sie bitte drei Felder ein, von denen Sie momentan absolut keine Ahnung haben).«

Setzen Sie in die Überschrift und in die Antworten zu den Fragen das ein, was zu Ihnen passt. Diese mentale Übung, der sogenannte Blick in die Zukunft, hilft Ihnen dabei, ein klares Bild von Ihrer digitalen Zukunft zu entwerfen und es sich im Kopf zu verankern. Sie können diese Übung auch im Kollegenkreis durchführen und eine Vision für Ihr Team oder Ihre Abteilung erarbeiten.

Lassen Sie sich nicht verunsichern, wenn Sie das Gefühl haben, Ihre Vision sei unvollständig oder nicht »richtig«. Im nächsten Abschnitt werden Sie erfahren, warum Sie mit Begriffen wie »richtig« oder »falsch« ohnehin vorsichtig sein sollten.

Lernen Sie die hohe Kunst des Scheiterns

Schon das Wort klingt nicht wirklich attraktiv. Scheitern. Klingt wie schei... – Sie wissen schon. Erfolg hingegen klingt toll. Vor allem wenn man es mit Begriffen wie »reich« kombiniert. Erfolgreich. Umgekehrt funktioniert das nicht. Scheiterreich, das klingt eher nach dem Vorhof zur Hölle. Oder nach einem Gespräch in der Personalabteilung. Was für viele das gleiche ist.

Es liegt schon am Wort, dass wir nicht gerne scheitern. Die Synonyme, die Sie in Internetportalen wie OpenThesaurus finden, klingen nicht wirklich attraktiv: Versagen, schlecht abschneiden, keinen Sinn machen, für nichts gut sein. Wer will das schon? Dabei ist es für Ihre persönliche Digitalisierungsstrategie wichtig, das Wort »Scheitern« aus der Schmuddelecke zu holen.

Ihre digitale Vision ist nicht in Stein gemeißelt. Gerade in Zeiten des schnellen Wandels ist sie eher ein Richtungsweiser. Betrachten Sie das große Ganze!

Wer das Scheitern vermeidet, scheitert ⟶ 6d

Wie oft müssen Sie sich in Ihrem Unternehmen absichern, bevor Sie etwas Neues wagen? Wie oft erleben Sie, dass Ideen beerdigt werden, weil niemand das Risiko der Umsetzung tragen will? Und wie oft beobachten Sie, dass sich Verantwortliche fast wie Aale winden, um bloß keine mutige Entscheidung treffen zu müssen? Wir wollen Innovation. Mutig voranschreiten. Neuland entdecken. Aber bitte mit Vollkaskoschutz, persönlichem Reisebegleiter und Reiserücktrittsversicherung für den Fall, dass es im Neuland nicht so kuschelig ist wie im bekannten Terrain.

Es wird Zeit, sich an die Tugenden der Computerpioniere zu erinnern. Eine der ersten Programmiersprachen, Flow Matic – das Vorbild für die populäre Standardsprache Cobol – wurde nicht von wilden Start-ups entwickelt, die im Silicon Valley von Investorengeldern überschüttet wurden. Nein, es war eine Institution, die durch Befehl und Gehorsam, starke Hierarchien und eine lähmende Bürokratie geprägt ist: Das amerikanische Militär. Jeder Innovationswissenschaftler wird Ihnen Brief und Siegel darauf geben, dass sich unter solchen Umständen niemals Innovatives entwickeln lässt. Wie also konnte das geschehen?

Die frühen Computerprogramme wurden nicht wegen, sondern trotz der lähmenden Strukturen im Militär entwickelt. Bis heute ist Konteradmiral Grace Hopper eine Ikone dieser Zeit. Wenn sie sich nicht sicher war, ob etwas funktioniert oder nicht, gab es für sie nur einen Weg: Im Zweifelsfall einfach machen! Hopper verfolgte eine eigenwillige Philosophie. Sie probierte Dinge aus – ohne die erforderlichen Genehmigungen einzuholen. Sie konfrontierte ihre Vorgesetzten mit einer einfachen Wahrheit: Entweder die Regularien werden eingehalten oder Fortschritt. Beides zusammen geht nicht. Der Satz, mit dem sie berühmt wurde: »Es ist einfacher, um Vergebung zu bitten, als um Genehmigung.«

In Zeiten des digitalen Umbruchs gibt es keine Patentrezepte für erfolgreiche neue Geschäftsmodelle. Ideen entwickeln, Ideen ausprobieren, scheitern. Von vorne anfangen, wieder ausprobieren, wieder scheitern. Und jedes Mal aus den eigenen Fehlern lernen. Diese Kultur – vergleichbar mit dem Spirit, den Start-ups haben – braucht zwei Dinge. Erstens: Mutige Querdenker und Querdenkerinnen, die Dinge ausprobieren. Zweitens: Eine Kultur, die diese mutigen Männer und Frauen machen und gewähren lässt.

Ein großer Widerspruch: In Unternehmen wird von den Chancen der Digitalisierung und von radikalen Veränderungen gesprochen. Konferenzen werden besucht, Experten eingeladen, Trendstudien in Auftrag gegeben. Was jedoch fehlt, ist der letzte und entscheidende Schritt: Neues auszuprobieren. Ohne Erfolgsgarantie.

Spätestens an dieser Stelle werden Sie wahrscheinlich aufhören zu lesen, den Kopf schütteln und sich sagen: »So ein Quatsch! Motivations-Psycho-Unsinn. Bei uns darf man nicht scheitern. Basta!« (Für das Wort »Basta!« bitte kurz vor den Spiegel treten, Bauch einziehen, Schultern nach oben, ernst gucken und dann noch einmal ganz bestimmt und laut sagen: »Basta!«) Prima, das hier ist die Konsequenz. Sofort aufhören zu lesen. Stehenbleiben. Und ab sofort ganz laut jammern. Über die bösen Mächte aus dem Silicon Valley. Das unfähige Management. Und den behämmerten Autor, der dieses Buch geschrieben hat.

Scheitern für Profis

Die Alternative: Fangen Sie bei sich selbst an. Interpretieren Sie das Wort »Scheitern« für sich neu: »Lerngelegenheiten schaffen«, »Erfahrungswissen sammeln«, »an die eigenen Grenzen gehen«, »Chancen ergreifen«. Das ist kein leeres Motivationsgequatsche, sondern das Ergebnis der Entrepreneur-Forschung. Diese Forschung hat zum sogenannten Effectuation-Ansatz geführt, den die US-Wissenschaftlerin Saras Sarasvathy 2001 veröffentlichte. Seit 2001 sind auf Basis ihrer Arbeit mehr als siebenhundertfünfzig wissenschaftliche Arbeiten veröffentlicht und mehr als vierzig Lehrunterlagen entwickelt worden. Im Effectuation-Ansatz wird das Scheitern von vornherein mit einkalkuliert. Mehr noch: Es ist Teil der Methode.

Statt sich auf den potenziellen Gewinn zu konzentrieren (was fast alle tun), beginnen innovative Unternehmerinnen und Unternehmer umgekehrt und fragen sich: »Was bin ich bereit zu verlieren?«

Wenn Sie das tun, steigen Sie in der Liga auf. Statt amateurhaft zu scheitern, werden Sie zum Scheiter-Profi. Aus dem Wort »Verlust« wird das Wort »Einsatz«. Wie hoch ist Ihr Einsatz? Was sind Sie bereit zu verlieren? Sie. Nicht Ihr Boss. Nicht das Unternehmen, für das Sie arbeiten. Sondern Sie persönlich. Sie müssen noch 150.000 Euro für Ihr Haus abzahlen? Okay, dann kommt die sofortige Kündigung und das Engagement für ein Start-up nicht infrage. Aus Ihnen wird kein Silicon-Valley-Milliardär mehr. Na und?

Wie ist es mit Ihrer derzeitigen Position? Sind Sie bereit, diese aufzugeben? Ist Ihr Einsatz das Aufgeben der Routine? Wenn Sie für sich sagen, »ja, das ist machbar, mein Job ist ohnehin langweilig«, warum dann nicht aufbrechen? Denn Unternehmen aus allen Branchen suchen händeringend nach Ideen und Lösungen für die digitale Zukunft. Nicht nur große Konzerne, auch mittelständische Unternehmen beginnen Personen dafür anzustellen, die digitale Zukunft zu entwickeln.

Vielleicht haben Sie keine Ahnung vom Programmieren und noch niemals daran gedacht, Motor der Digitalisierung zu werden. Aber warum eigentlich nicht? Das Know-how werden Sie aufbauen. Wichtiger als Ihr derzeitiges Know-how ist Ihre Einstellung. »Ja, aber ist das nicht unsicher?«, werden Sie sich vielleicht fragen. Stellen Sie sich vor, Sie wären ein Schiff. Wo ist es am sichersten? Auch hier hatte Grace Hopper eine einfache, aber überzeugende Antwort: »Ein Schiff ist sicherer, wenn es im Hafen bleibt. Doch das ist nicht das, wofür Schiffe gebaut wurden.« Wofür sind Sie gebaut?

Und wenn es am Ende doch schiefgeht? Bitten Sie um Vergebung: »Herr, ich habe gesündigt. Ich habe versucht, die digitale Zukunft für mich und mein Unternehmen zu entwickeln. Ich hatte sündige Gedanken und habe mich mit Customer Experience und Webtechnologien auseinandergesetzt. Ich habe Neues ausprobiert und festgestellt, dass unsere Kunden noch nicht weit genug sind. Demütigst bitte ich um Vergebung.« Wenn Ihr Chef oder Ihre Chefin nicht von allen Sinnen ist, wird die Antwort lauten: »Wenigstens eine Person, die mal etwas gewagt hat ...«

So wird Ihr Unternehmen zum digitalen Gewinner

4

Beispiel Denken Sie kurz zurück an 2010. Wie war das damals? Das Smartphone war gerade auf dem Weg zum Massenmarkt, der Mobilfunkstandard 4G nur in den Testlaboren verfügbar und E-Commerce wurde von etablierten Händlern nicht ernst genommen – Media Markt hatte nicht einmal einen eigenen Onlineshop. Damals riefen Zukunftsforscher: »Achtung! Sie müssen sich der Digitalisierung stellen!« Unternehmen taten es so, wie sie es immer tun. Sie gründeten Abteilungen. Der Chief Digital Officer wurde geboren, in der Regel waren es die gleichen Verantwortlichen, die sich zuvor mit dem Thema Innovation und Innovationsmanagement auseinander gesetzt haben.

Die ersten Jahre des Digitalisierungsmanagements hatte einen großen Vorteil: Man konnte praktisch vor alles, was man im Unternehmen tat, das Wort »digital« schreiben und schon wirkte das Unternehmen zukunftsweisend. Aus dem Innovation Lab wurde das Digital Innovation Lab, aus dem Prozessmanagement wurde das digitale Prozessmanagement und aus dem digitalaffinen Manager beziehungsweise der Managerin wurde der Chief Digital Officer. Bestehende analoge Prozesse wurden einfach digitalisiert. Was Thorsten Dirks, den ehemaligen CEO der Telefónica Deutschland AG zu der Bemerkung veranlasste: »Wenn sie einen Scheißprozess digitalisieren, dann haben sie einen scheiß digitalen Prozess.«

Das waren die Anfänge. Inzwischen ist die Diskussion um das Management der Digitalisierung einige Jahre weiter. Erfolgreiche Digitalisierung erfordert mehr: Unternehmen, die die digitale Transformation wirklich ernst nehmen, treiben sie überall – in allen Fachabteilungen und auf allen Ebenen – voran. Die Notwendigkeit dafür haben Sie in Kapitel 3 kennengelernt: Digitalisierung ist das wichtigste Thema für alle Bereiche innerhalb von Unternehmen. Das digitale Prozessmanagement genügt nicht. Und der Chief Digital Officer eines Unternehmens wird – egal, wie talentiert und engagiert er beziehungsweise sie ist – niemals in der Lage sein, den Umfang und die Komplexität der Digitalisierung alleine zu bewältigen.

Erfolgreiche Unternehmen managen den Widerspruch!

Bis 2030 werden sich das Tempo der Digitalisierung und das Ausmaß der Veränderungen noch einmal beschleunigen. Für Unternehmen bedeutet das: Sie müssen sich selbst radikal verändern. Wenn man eine Lehre aus dem zweiten Jahrzehnt dieses Jahrtausends ziehen kann: Betrachtet man die Geschichte vorwärts – also blickt von heute in die Zukunft –, lassen sich tausend Gründe dafür finden, warum jetzt gerade nicht der richtige Zeitpunkt fürs Handeln ist:

- Der Markt in China bricht gerade ein,
- die Verhandlungen mit den Gewerkschaften stehen dieses Jahr an,
- in der Geschäftsführung gibt es Veränderungen,
- die Effizienz bestehender Prozesse muss verbessert werden und so weiter.

Betrachtet man die Geschichte rückwärts – also von heute rückblickend auf das Jahr 2010 –, fragt man sich: »Warum haben Unternehmen, die heute in der Krise sind, eigentlich nicht alles getan, obwohl das Ausmaß der Veränderungen bereits absehbar war?«

Wie sieht das Unternehmen aus, das die Herausforderungen der kommenden Jahre managen kann?

- Denkt das Management kurzfristig und handelt situativ? Oder ist es durch langfristige Strategien geprägt?
- Ist es agil und flexibel? Oder organisiert mit klaren Prozessen und Zuständigkeiten?
- Prescht das Management mutig nach vorne? Oder bewahrt es das Bestehende?
- Besticht ein Unternehmen durch ausgezeichnete perfekte Qualität? Oder durch innovative Prototypen, die durchdacht, aber nicht perfekt sind?

Die Antwort: beides. Im Zeitalter der digitalen Disruption lösen sich alte Konzepte der Strategieentwicklung und traditionelle Unternehmensstrukturen auf. Zugleich werden sie immer wichtiger. Das Wissen über die Märkte der Vergangenheit wird unwichtiger und ist zugleich der wichtigste Schlüssel zum Markterfolg der Zukunft. Mitarbeiterinnen und Mitarbeiter befolgen stur Prozesse und Regeln – und stellen sie zugleich radikal infrage.

Ein Widerspruch? Ja. Und nein. Im Zeitalter der digitalen Disruption und des radikalen Wandels sind die Unternehmen am erfolgreichsten, die scheinbare Widersprüche mühelos überwinden. Sie denken zugleich situativ und langfristig. Sie sind hierarchisch und nicht hierarchisch. Sie sind digital und analog. Sie sind transparent und verschlossen. Wie kann das gelingen? In diesem Kapitel erfahren Sie es.

Wie langfristig können Unternehmen überhaupt noch planen?

2007 schließe ich meinen MBA (Master of Business and Administration) in Berlin ab. Ein MBA ist wie eine Druckbetankung in Unternehmensführung: Vom Lesen einer Unternehmensbilanz über strategische Planung und Onlinemarketing bis hin zu Grundlagen der Personalführung – Sie erhalten einen Überblick über den Stand des Wissens zum Management. Mein Abschluss im Fach Strategie wurde später als Fachbuch für Medien veröffentlicht: Die Übertragung strategischer Modelle der Unternehmensführung auf die langfristige Ausrichtung von Radiosendern. Unter anderem wurden mehrere Wellen des Norddeutschen Rundfunks maßgeblich nach diesem Buch ausgerichtet. Das war wie gesagt 2007. Rückblickend erscheint es so, als hätte ich Dinge für eine Welt gelernt, die nicht mehr existiert.

- Langfristige Planung? In Zeiten disruptiver Umbrüche scheinbar unmöglich;
- Klare Marktanalysen und Zielgruppensegmentierungen? Schwierig in Zeiten, in denen sich Märkte ständig ändern und klassische Zielgruppen kaum noch existieren;
- Eine typische Top-down-Strategie – vom Vorstand und der Geschäftsführung beschlossen und verkündet? Nicht wirklich sinnvoll in Zeiten, in denen Mitarbeiter einzelner Fachabteilungen neue Trends und Technologien deutlich besser kennen als die Unternehmensführung.

Die Zukunft der Unternehmensstrategie

Kann jemand heute mit Sicherheit sagen, ob privates Fernsehen in zehn Jahren in der heutigen Form noch existiert? Oder ob Netflix und Co. die Wohnzimmer so sehr beherrschen, dass die Ausstrahlung klassischer Fernsehprogramme nicht mehr rentabel ist? Wie langfristig lässt sich die Zukunft des Verwaltungsapparats einer Versicherung planen, wenn sich Technologien der künstlichen Intelligenz rasant verbreiten und Entscheidungen automatisiert werden? Glasschäden werden bei der Zurich Versicherung heute bereits zu einem großen Teil von Algorithmen bearbeitet. Und das ist erst der Anfang. Wird es klassische Modehäuser in der Fußgängerzone einer Großstadt in zehn Jahren noch geben?

- Welche Notwendigkeit haben sorgfältig ausgearbeitete Strategien mit fundierten Marktrecherchen in einer Zeit, in der sich die Umstände während der Erarbeitung der Strategie bereits wieder verändern? Diese Frage betrifft Unternehmen, Führungskräfte und Mitarbeiter gleichermaßen.
- Wie viel Sicherheit ist in einer Zeit der Unsicherheit möglich? Ist es nicht viel wahrscheinlicher, dass eine langfristig festgelegte Strategie für ein Unternehmen wie auch für ein Individuum sogar schädlich ist?

Andererseits: Alle Unternehmen, die heute in der Digitalisierung weit vorne sind, haben langfristig geplant. Der Erfolg von SAP ist genauso das Ergebnis einer langjährigen strategischen Planung wie der von Microsoft Azure, einer der weltweit führenden Cloudlösungen, die mehr und mehr das klassische Rechenzentrum ablöst.

Gehören langfristige Kommunikationsstrategien der Vergangenheit an?

In einer Zeit, in der alle Menschen und alle Unternehmen ungefiltert mit der Öffentlichkeit kommunizieren können – über Facebook, Blogs, Twitter, E-Mail-Marketing, soziale Karrierenetzwerke wie LinkedIn und XING –, ist Marketing ungleich schwerer als früher. Als ich vor zehn Jahren Artikel in Fachzeitschriften veröffentlichte, klingelte anschließend sofort das Telefon und ich wurde als Referent angefragt. Heute? Gehen Artikel – egal, ob in einer klassischen Zeitung beziehungsweise Zeitschrift oder online – im ständigen Nachrichtenstrom schnell unter. Es hat einen Grund, dass Donald Trump Twitterbeiträge gefühlt im Sekundentakt sendet und eine Provokation die nächste übersteigt. Sein digitales Erfolgsrezept lautet: Verschicke über Jahre hinweg jeden Tag mehrere provokative Tweets. Sei nicht überraschend. Sei berechenbar unberechenbar. Heißt das, dass langfristige Kommunikationsstrategien kurzfristiger Aufmerksamkeit weichen?

Andererseits: Wenn Sie heute bei Google Deutschland Suchbegriffe eingeben, finden Sie die Unternehmen ganz oben, die über Jahre hinweg kontinuierlich an ihrer Onlinereputation gearbeitet haben. Die über Jahre hinweg eine SEO-Strategie entwickelt, Content-Konzepte erarbeitet, die Performance der einzelnen Seiten überprüft, den Content optimiert und geduldig gewartet haben.

So lange, bis die Seiten Position um Position nach oben geklettert sind. Bis mein Unternehmen bei Suchbegriffen wie »Innovation«, »Innovationsmanagement« und »Ideenmanagement« weit oben war, hat es mehrere Jahre gedauert. Denn bevor Google einer Seite eine Autorität für ein bestimmtes Thema zuspricht, können durchaus ein bis eineinhalb Jahre vergehen. Kurzfristiges Denken? Kurzfristige Strategien? Nicht praktikabel.

Was führt zum Erfolg? Langfristiges oder kurzfristiges Denken?

Stur geradeaus oder agil und wendig? Die Antwort – für Sie wahrscheinlich wenig überraschend, weil dies eine der Kernthesen des Buchs ist: beides.

Erfolgreiche Unternehmen lösen den Widerspruch zwischen kurz- und langfristigem Denken auf. Gleichermaßen stur geradeaus und doch wendig und flexibel. Starre Strukturen und flexible Unternehmenseinheiten. Berechenbar und unberechenbar zugleich.

Die »alten« Strategen haben Unternehmensstrategien entwickelt, die wie Mausoleen waren: Statisch. Unverrückbar. Ein Abweichen von der Strategie galt als Scheitern. In einer Zeit, in der sich Märkte nur langsam veränderten und Kunden nur selten mit neuen Bedürfnissen überraschten, war diese Art der strategischen Planung durchaus Erfolg versprechend. Im Beruflichen wie im Privaten:

- Wer eine Karriere als IT-Spezialist in einem großen Konzern startete, konnte davon ausgehen, dass dieses Wissen auch in zehn Jahren noch gefragt ist;
- Wer eine Wachstumsstrategie für einen Konzern formulierte, konnte sicher sein, dass die Umstände sich nicht wesentlich änderten.

Eine Strategie war eine Strategie. Abweichen war Scheitern. Dieses alte Denken in starren Strategien und Maßnahmenplänen passt nicht mehr in eine Zeit, in der sich Veränderungen beschleunigen. Allerdings werden langfristige Visionen immer wichtiger.

Langfristige Visionen, kurzfristige Strategien

Visionen sind langfristige Wegweiser, Strategien hingegen Umsetzungspläne, auf die sich eine Gruppe von Menschen einigt. Ich möchte Ihnen das mit einem ganz einfachen Beispiel erklären.

Stellen Sie sich vor, Sie möchten Spezialist für künstliche Intelligenz werden. Ihre Vision: In fünf Jahren gehören Sie zu den Köpfen, die Ihre Branche durch den Einsatz dieser neuen Technologien verändern. Denken Sie Strategie im klassischen Sinne, schlagen Sie ein entsprechendes Informatikstudium mit Schwerpunkt künstlicher Intelligenz ein. Nach kurzer Zeit bemerken Sie, dass es Ihnen zu theoretisch ist und die statistischen Modelle nicht Ihre Sache sind. Sie haben sich jedoch auf einen Prozess festgelegt und studieren bis zum bitteren Ende. Ihre Abschlussnote ist nur mäßig, alle anderen erhalten bessere Jobangebote als Sie. Sie fühlen sich gescheitert, weil Sie die festgelegte Strategie nicht erfolgreich absolviert haben.

Statt zu versuchen, das von Ihnen angestrebte Ergebnis auf anderen Wegen zu erreichen, haben Sie das getan, was Strategen der »alten Schule« getan haben: den Prozess zementiert und ihn durch Druck verstärkt. Die Absatzzahlen sind nicht so wie geplant? Druck! Die Bearbeitungsgeschwindigkeit ist nicht gestiegen? Druck! Genauso agieren Sie. Die Noten im Studium stimmen nicht? Druck! Mehr lernen! Besser werden!

Die Alternative: Sie brechen das Studium nach einem halben Jahr ab und beginnen damit, sich dem Thema künstliche Intelligenz auf anderen Wegen zu nähern. Sie schauen YouTube-Videos und beginnen, mit Diensten wie IBM Watson oder TensorFlow erste eigene Modelle zu entwickeln. Gleichzeitig machen Sie ein Praktikum in einem Unternehmen, das KI-Modelle für große Konzerne entwickelt. Sie lernen Grundlagen des Onlinemarketings kennen, indem Sie die Onlineuniversität eines großen Anbieters besuchen. Und Sie beenden Ihr Studium in einem branchenspezifischen Bereich. Was passiert? Freunde, Verwandte und Bekannte fragen Sie: »Weißt du überhaupt, wo du hinwillst?«.

Genauso reagieren Strategen der »alten Schule«, wenn Unternehmen, Abteilungen, Führungskräfte oder Mitarbeiter scheinbar auf Zickzackkurs gehen. Doch es ist nur eine Frage der Sichtweise.

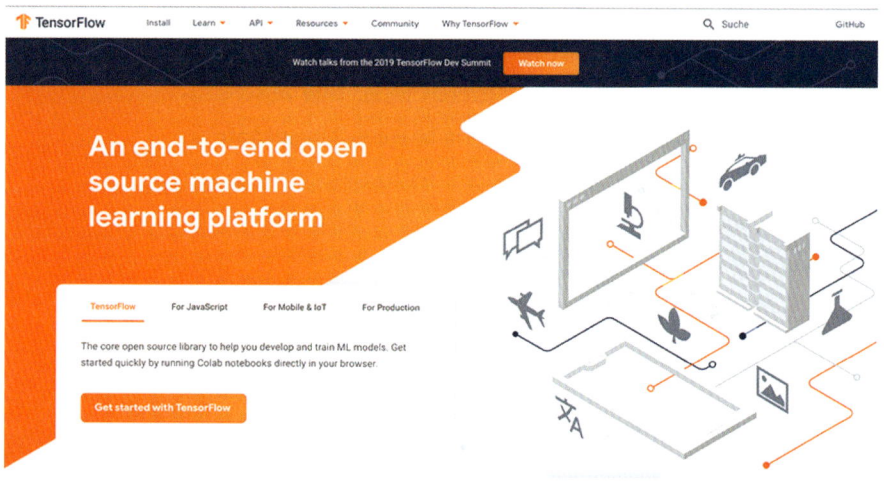

TensorFlow macht den Einstieg in KI relativ einfach.

Als eine ergebnisorientierte Person sind Sie darauf fixiert, Ihre Vision zu erreichen. Ob Sie Ihrer Vision dadurch näherkommen, dass Sie in einem Technologieunternehmen fest angestellt sind, ob Sie ein Unternehmen gründen oder in die Wissenschaft gehen – das ist zweitrangig. Die Vision war langfristig genug, um Ihnen als Wegweiser zu dienen. Und zugleich flexibel genug, um diese Abweichungen zuzulassen.

Denken Sie persönliche Strategien und Unternehmensstrategien vom langfristigen Ziel her!

Wozu brauchen Unternehmen noch einen Businessplan?

»In der digitalen Welt verändert sich alles so schnell, da braucht man keinen Businessplan. Der ist doch sowieso nach drei Monaten überholt.«

»Ein Fünf-Jahres-Finanzplan hat doch schon in der DDR nicht geklappt. Was soll der Blödsinn?«

»Wie soll ich meine Geschäftsentwicklung in einem Markt prognostizieren, den es noch gar nicht gibt? Mit einer Glaskugel?«

In der digitalen Welt ist alles stets im Wandel. Alles agil. Und auf nichts ist dauerhaft Verlass. Der Markt von heute ist der Markt von gestern. Mitbewerber, die Sie heute nicht kennen, werden morgen zur Bedrohung. Wie soll man in einer solchen Situation planen?

In der digitalen Welt sind Businesspläne dieser Art kaum vorstellbar. Sie können das beste Produkt haben und trotzdem verlieren. Sie können ein mäßiges Produkt haben und trotzdem gewinnen. Die Logik, nach der sich Kunden für Produkte entscheiden, ist häufig schwer zu verstehen.

Wenn Sie anfangen, digitale Lösungen zu entwickeln, müssen Sie zunächst die Trägheit Ihrer potenziellen Kunden bekämpfen. Egal, in welchem Bereich der Digitalisierung Sie tätig sind. Onlinebanking, Smart Home und die Bezahlung per App hätten sich eigentlich viel schneller durchsetzen müssen.

Warum erzähle ich Ihnen diese Beispiele? Weil es Ihnen und Ihren digitalen Lösungen nicht viel anders gehen wird. Sie stehen vor einem Kunden und sagen: »Mithilfe unserer auf künstlicher Intelligenz basierenden Lösung können Sie allen ihren Kunden künftig Fragen in Millisekunden beantworten. Und das direkt im Internet.«

Sie erwarten, dass Ihr Gegenüber begeistert ist. Stattdessen blicken Sie in ratlose Augen. »Aber wir haben doch gerade unser Callcenter ausgelagert.«

Sie argumentieren: »Aber für Kunden ist der Anruf im Callcenter doch kein schönes Erlebnis. Sie bleiben ewig in der Warteschleife hängen und es dauert lange, das Problem zu lösen.«

Ihr Gegenüber schaut Sie immer verständnisloser an. »Bei uns wartet niemand länger als drei Minuten in der Schleife. Und wir erhalten sehr gute Bewertungen.«

Sie versuchen es noch einmal: »Aber die Kunden haben sich doch geändert. Wir haben bei fünfzig Kunden aus vergleichbaren Branchen nachgewiesen, dass die direkte Beantwortung von Fragen die Kundenzufriedenheit um dreißig Prozent nach oben bringt und das die Verkaufsrate online um dreißig Prozent steigt.«

Ihr Gegenüber holt zum letzten vernichtenden Schlag aus: »Unsere Kunden sind damit nicht vergleichbar. Wir wissen aus zahlreichen Erhebungen, dass der persönliche Kontakt das Wichtigste ist.«

Zunächst einmal haben Sie verloren. Das bedeutet nicht, dass nicht der gleiche Kunde in drei Monaten bei Ihnen wieder anfragt, ob Sie zufällig eine Lösung für schnellere Kundenanfragen auf Basis von künstlicher Intelligenz anbieten. Dann wissen Sie, was passiert ist: Ein Mitbewerber hat ein solches System implementiert und erste Kunden haben gewechselt. Aber zunächst einmal haben Sie – obwohl Sie eine eigentlich sehr überzeugende Lösung anbieten – verloren.

Ein Businessplan hilft Ihnen, solche Durststrecken mit einzukalkulieren. Ich vergleiche den Start eines digitalen Unternehmens gerne mit dem Flug zum Mond. Die meiste Energie brauchte die Saturn 5 für die ersten fünfhundert Kilometer nach oben. Deshalb diese riesige Rakete, die Sie heute noch im Cape Canaveral sehen können. Eindrucksvoll. Das, was dann wirklich zum Mond flog, war ein relativ kleiner Teil der Rakete. Ähnlich ist es beim Start eines digitalen Geschäfts. Wenn Sie einen Markt von potenziell eintausend Kunden haben, sind die ersten zehn Ihr persönliches Martyrium. Dann haben Sie bewiesen, dass Sie ihre Lösung überhaupt verkaufen können. Nummer zwanzig bis fünfzig sind auf Ihrer persönlichen Martyriumsskala (1 = kinderleicht, 10 = die Strafe Ihres Lebens) bei einer 7 bis 8. Bei Kunde fünfzig bis hundert wird es langsam etwas gemütlicher und Sie erreichen 5 auf der Skala. Ab hundert wird es einfach.

Kunden sind Herdentiere. Niemand möchte zuerst etwas ausprobieren. Alle wollen warten, bis es sich bewährt hat. Ab Kunde hundert können Sie von morgens bis abends Erfolgsgeschichten erzählen. Natürlich gibt es auch Misserfolgsgeschichten, aber die lassen Sie natürlich weg. Ein Businessplan hilft Ihnen, diese

Durststrecke am Anfang zu überwinden. Er sorgt dafür, dass Sie von vornherein mit realistischen Annahmen arbeiten. Und dass Sie trotz vielleicht kurzfristiger Durststrecken und Misserfolge Ihre langfristige Vision nicht aus den Augen verlieren.

Bauen Sie eine digitale Innovationspipeline auf, die wehtut!

»Oh, wir sind sehr innovativ. Wir haben zwei neue Werbespots gemeinsam mit der Agentur erarbeitet, fünf Verbesserungsprojekte für interne Abläufe, zehn Prozent mehr Ideen im internen Ideenmanagement und erarbeiten gerade mit Studenten der Universität XY Konzepte für die Digitalisierung.« Das klingt gut, ist aber Stillstand. Tagesgeschäft. Das, was man ohnehin macht. Diese digitale Innovationspipeline tut nicht weh.

Beispiel

- Innerhalb von sechs Monaten werden siebzig Prozent aller bestehenden Prozesse und Abläufe radikal auf den Kopf gestellt und erneuert. Papier verschwindet ganz.
- Bis Ende 2020 werden achtzig Prozent aller Kundenanfragen digital beantwortet, heute sind es zwanzig Prozent.
- Wir machen unsere neue Maschinengeneration konsequent fit für das Internet der Dinge – ohne dass wir konkrete Anwendungsfälle bereits kennen. Diese werden wir später mit unseren Kundinnen und Kunden erarbeiten. Businesspläne? Können wir aktuell noch nicht liefern.
- Sehen Sie da hinten die kleine Halle? Dort greifen wir gerade unser bestehendes Geschäftsmodell an. Radikal und kompromisslos. Für das, was in dieser Halle passiert, investieren wir unseren gesamten Jahresgewinn.

Das tut weh. Richtig weh. Mitarbeitern und Mitarbeiterinnen, Führungskräften, der Geschäftsführung, dem Aufsichtsrat, Gesellschaftern und Aktionären. Es ist traurig für die Mitarbeiter und Mitarbeiterinnen, wenn Traditionsunternehmen vom Markt verschwinden. Für die Eigentümer der Unternehmen ist es die Folge jahrelanger Schmerzvermeidung. Innovation ist wie Altersvorsorge und Sport bei Bewegungsmuffeln: Es ist unangenehm. Aber die Folgen des Nichtstuns sind schmerzhafter. Weil dieser Ratschlag zu den wichtigsten gehört, finden Sie ihn als Fazit des Buchs noch einmal eindrücklich beschrieben.

Machen Sie den Test: Wie begeisternd ist Ihre Digitalisierungsstrategie?

Es war einer dieser haarsträubenden Momente, die in Unternehmen eine regelrechte Digitalisierungsphobie auslösen: Martin Zielke, Vorstandsvorsitzender der Commerzbank, stellt am 30. September 2016 die Strategie »Commerzbank 4.0« vor. Sinngemäß sagt er: Hoppla, wir haben gerade entdeckt, dass die Digitalisierung Veränderungen erforderlich macht. Und deshalb bauen wir zehn Prozent unserer Stellen ab. Wow! Was für eine Motivationsrede.

Das Wort »Digitalisierung« war anschließend in den Köpfen der Mitarbeiter und Mitarbeiterinnen gleichbedeutend mit »Arbeitsplatzabbau«. Wen wundert es da, wenn Betriebsräte auf die Barrikaden gehen und Digitalisierungsphobie statt Digitalisierungseuphorie herrscht? Wie es besser geht, zeigt Gerolsteiner. Das Unternehmen rief 2018 mehr als hundert Mitarbeiterinnen und Mitarbeiter aus dem Vertrieb dazu auf, die bestehenden internen Prozesse zu kritisieren und neue digitale Prozesse vorzuschlagen. Innerhalb weniger Wochen gingen mehr als zweihundert Ideen ein. Dieses Signal ist ein ganz anderes: »Wir wollen Digitalisierung gemeinsam mit euch gestalten. Das ist nichts Bedrohliches, sondern eine Chance für uns alle.«

Was die Commerzbank getan hat, war Hardcoremanagement der Neunzigerjahre (»Ich bin der knallharte Kostensenker, ein ganzer Kerl.«) auf die Anforderungen der Digitalisierung zu übertragen. Klar, kann man so machen, ist aber das Gegenteil von dem, was erfolgreiche Start-ups ausmacht. Sie setzen auf Kollaboration, auf eigenständig denkende und handelnde Mitarbeiter, auf Kreativität und Innovationsgeist. Sie haben Visionen. Mitarbeiter lassen sich für Visionen begeistern, für Personalabbau nicht.

> Eine digitale Innovationsstrategie fördert die digitale Transformation und die Entwicklung digitaler Geschäftsmodelle. Zugleich aber fördert sie den Aufbau einer Unternehmenskultur, die Innovation und Digitalisierung unterstützt.

Wie sehr reißt Ihre digitale Strategie Mitarbeiter und Mitarbeiterinnen mit? Macht sie Mut oder Angst? Setzt sie kreative Energie frei oder sorgt sie für Blockaden in den Köpfen?

Eine überzeugende Digitalisierungsstrategie macht Mut

Ist Ihre Digitalisierungsstrategie positiv formuliert? Zeigt sie einen klaren Weg in die Zukunft? Eine positiv formulierte Strategie nimmt Mitarbeitern und Mitarbeiterinnen die Angst vor dem Wandel. Sie regt dazu an, neue Ideen zu entwickeln und sowohl inkrementelle Innovation als auch disruptive Innovation zu verfolgen. Eine motivierende Digitalisierungsstrategie löst proaktive Handlungen in Ihren verschiedenen Unternehmensbereichen aus.

Eine überzeugende Digitalisierungsstrategie motiviert

Wie motivierend wirkt Ihre digitale Zukunftsstrategie? Natürlich, es besteht kein Zweifel daran, dass alle Mitarbeiter und Mitarbeiterinnen Ziele haben, hart arbeiten und alles dafür tun, diese Ziele zu erreichen. Aber was ist, wenn sie das Unternehmen verlassen? Am Freitag um 16 Uhr? Ist dann Feierabend oder schlägt das Herz für das Unternehmen und die Strategie weiter? Ist die Digitalisierungsstrategie Ihres Unternehmens so überzeugend, dass alle mit dem Herzen bei der Sache sind?

Merkmale überzeugender Digitalisierungsstrategien

Die meisten Digitalisierungsstrategien sind komplex, zahlenlastig und – offen gesagt – langweilig. »Wir möchten die Eigenkapitalrendite unseres Unternehmens durch digitale Prozesse um 25 Prozent steigern.« Oder: »Unser Ziel ist es, alle operativen Bereiche im digitalen Bereich auf Benchmark-Niveau zu bringen.« Mal ehrlich, hängt daran Ihr Herz? Ist es das, was Sie von Herzen anspornt? Ist es das, was dafür sorgt, dass Sie am Sonntagmorgen um 9 Uhr unter der Dusche plötzlich einen Geistesblitz haben? Oder ist es eine Strategie, die eher zum business as usual taugt?

Überzeugende Digitalisierungsstrategien sprechen die Fantasie an. Sie erzeugen ein mentales Bild im Kopf, das es zu erreichen gilt und das sich lohnt. Sie lösen Neugier aus und öffnen den Weg für die Zukunft eines Unternehmens. Alles, was Sie bisher als fortschrittlich erachtet haben, wirkt plötzlich alt im Vergleich zu der Fantasie, die Ihre Strategie auslöst.

Überzeugende Digitalisierungsstrategien spornen an, das Undenkbare zu denken. Der mentale Horizont von Mitarbeitern und Mitarbeiterinnen auf allen Ebenen des Unternehmens beginnt sich zu öffnen; sie beginnen, in anderen Bereichen nach Lösungen zu gucken; sie überlegen, ob nicht künstliche Intelligenz bisherige Unternehmensprozesse unterstützen kann. Überzeugende Digitalisierungsstrategien vermitteln, dass der Blick über den Tellerrand gewollt ist.

Überzeugende Digitalisierungsstrategien regen dazu an, Denkblockaden zu überwinden. Natürlich geht es am Ende um Umsatz und Gewinn. Doch im Vordergrund steht der Traum der digitalen Zukunft.

Der Test

Wie überzeugend ist die Digitalisierungsstrategie, die Sie in Ihrem Unternehmen kommunizieren? Antworten Sie jeweils mit Ja oder Nein.

Unsere Digitalisierungsstrategie ist bildhaft geschrieben, leicht verständlich und attraktiv	☐ ja	☐ nein
Sie macht Mitarbeiter und Mitarbeiterinnen neugierig auf den digitalen Wandel	☐ ja	☐ nein
Sie regt dazu an, das Undenkbare zu denken und das Unmögliche zu wagen	☐ ja	☐ nein
Sie appelliert an Träume und regt die Fantasie an	☐ ja	☐ nein
Unsere Digitalisierungsstrategie ist einzigartig und authentisch, sie ist nicht einfach irgendwo abgeschrieben	☐ ja	☐ nein

Fünfmal »nein«, nicht einmal »ja«

Sie haben operative Ziele, aber keine überzeugende Digitalisierungsstrategie. Sie werden sich auch in Zukunft darauf verlassen können, dass Mitarbeiter und Mitarbeiterinnen die operativen Ziele Ihres Unternehmens oder Ihrer Abteilung strukturiert und mit dem notwendigen Engagement voranbringen. Aber gehen Sie davon aus: Freitag ab eins macht jeder seins. Die Digitalisierungsstrategie Ihres Unternehmens sorgt nicht dafür, dass Mitarbeiter auch nach Feierabend mit dem Herzen bei der Sache sind.

Ein- bis zweimal »ja«

Sie sind bereits auf dem Weg. Und wahrscheinlich konnten Sie bereits erste kleinere Erfolge erzielen. Aber noch zündet Ihre Digitalisierungsstrategie nicht so richtig. Denken Sie größer und plakativer! Stellen Sie sich vor, Sie wären für die Titelseite einer großen Boulevardzeitung verantwortlich. Welche Schlagzeile würden Sie über Ihre Strategie formulieren? Überlegen Sie, wie Sie Ihre Digitalisierungsstrategie klarer und bildhafter beschreiben können.

Drei- bis viermal »ja«

Ihre Digitalisierungsstrategie scheint eine gewisse Überzeugungskraft in sich zu haben, sie ist aber noch nicht perfekt. Was genau fehlt ihr? Fragen Sie Ihre Mitarbeiter und Mitarbeiterinnen! Reden Sie darüber, wie sie die Digitalisierungsstrategie wahrnehmen. Fragen Sie: »Was verstehen Sie unter der Strategie? Wie sehen Sie das? Was löst das in Ihnen aus? Was bedeutet diese Strategie für Ihre tägliche Arbeit?«

Fünfmal »ja«

Herzlichen Glückwunsch! Ihre Digitalisierungsstrategie ist überzeugend! Achten Sie bitte noch einmal kurz darauf, dass Sie keiner Selbsttäuschung unterliegen. Häufig glaubt man, dass eine Strategie überzeugend ist. Aber vergessen Sie nicht: Der Köder muss dem Fisch schmecken, nicht dem Angler.

 Digitalisierungsstrategien gemeinsam mit Mitarbeiterinnen und Mitarbeitern entwickeln

Digitale Technologien wie die kostenlose Innovationsplattform, die Sie mit diesem Buch erhalten, machen eine neue Form der Einbindung möglich: Die Entwicklung einer Digitalisierungsstrategie gemeinsam mit Mitarbeitern und Mitarbeiterinnen. Laden Sie Vertreter verschiedener Unternehmensbereiche ein, lassen Sie sie digitale Zukunftsthemen online posten. Diskutieren und bewerten Sie diese Themen offen und transparent.

Starten Sie mit dem, was in der Managementlehre die »Mission« eines Unternehmens genannt wird: Überlegen Sie gemeinsam mit Ihren Mitarbeitern und Mitarbeiterinnen, welche Rolle Ihr Unternehmen künftig im Leben Ihrer Kunden spielen soll. Initiieren Sie einen lebendigen Diskussionsprozess innerhalb des Unternehmens. Beziehen Sie auch Kunden und Zulieferer mit ein. Nutzen Sie die Schwarmintelligenz der Menschen, die Ihr Unternehmen von allen Seiten kennen.

Phase 1: Kommunizieren Sie digitale Trends und Branchentrends im Unternehmen

Zeigen Sie auf, was Sie, das Management und die Branche bewegt. Laden Sie Experten ein, in Ihrem Unternehmen Artikel über die Zukunft Ihrer Branche zu veröffentlichen. Diese erste Phase der Sensibilisierung ist wichtig, um Mitarbeitern die Herausforderungen der nächsten Jahre plakativ zu beschreiben. Laden Sie auch Mitarbeiter dazu ein, ihre Gedanken zu äußern und Fragen zu stellen.

Phase 2: Aktivieren Sie die Schwarmintelligenz im Unternehmen

Stellen Sie die folgenden drei Fragen öffentlich zur Diskussion:

- Wer sind unsere künftigen Zielgruppen?
- Welche Bedürfnisse haben unsere Kunden von morgen?
- Welche Rolle spielt unser Unternehmen dabei?

Bringen Sie Mitarbeiter und Mitarbeiterinnen dazu, sich innerhalb ihrer Teams, in bereichsübergreifenden Arbeitsgruppen und auf einer eigenen Onlineplattform auszutauschen.

Phase 3: Verdichten Sie die Ergebnisse

Komplexe Diskussionen müssen verschlagwortet, kategorisiert und thematisch zusammengefasst werden. Sie brauchen eine Antwort auf die wichtigste Frage: Was kam denn jetzt dabei heraus? Hier unterstützt Sie die digitale Innovationsplattform, die Sie mit diesem Buch erhalten: Sie können Beiträge thematisch clustern und erhalten eine schnelle Übersicht über die Ergebnisse.

Phase 4: Bewerten Sie die zentralen Aussagen Ihrer Mission

Nachdem Sie die Ergebnisse zusammengefasst haben, lassen Sie die zentralen Aussagen von Mitarbeitern bewerten. Nutzen Sie dabei Kriterien wie »Schlüssigkeit«, »Verständlichkeit« und »Zukunftsorientierung«.

Lassen Sie die Aussagen gleichermaßen von Mitarbeitern und Externen (Experten, Kunden et cetera) bewerten. Am Ende fließen die Statements, die von Mitarbeitern und Kunden am besten bewertet wurden, in Ihre Mission ein.

Schwarmintelligenz versus klassische Strategieentwicklung: Der Vorteil

Natürlich können Sie digitale Strategien auch anders entwickeln. Mit einem Beratungsunternehmen schließen Sie sich ein, analysieren Trends und Märkte der Zukunft, erhalten eine einhundertfünfzigseitige Abschlusspräsentation und verdichten diese zu einer Vision. Am Ende stehen dort allgemeine Floskeln wie: »Digital Leadership in Finance«.

Wenn Sie Ihren Mitarbeitern und Mitarbeiterinnen das Gefühl geben, sie seien ein essenziell wichtiger Teil der Digitalstrategie, bauen Sie Ängste ab, motivieren und begeistern.

Beispiel Die Commerzbank hat das nicht anders gemacht. Mit entsprechenden Kollateralschäden: Mitarbeiter fühlen sich nicht mitgenommen, im schlimmsten Fall wachsen Widerstände im Unternehmen. Die Schwarmintelligenz von Mitarbeitern zu nutzen, sorgt für Begeisterung und Akzeptanz.

Das Geheimnis erfolgreicher Datenstrategien

»Daten sind das neue Gold!« Dieser Satz löste vor wenigen Jahren einen wahren Goldrausch aus: Daten sammeln um jeden Preis. Daten, Daten, Daten. Frei nach dem Motto: Wer die meisten Daten hat, gewinnt. Doch wie beim echten Gold ist es auch beim Datengold: Es kommt nicht auf die Menge an, sondern auf die Qualität.

Beispiel Wenn Sie sagen: »Ich besitze eine Goldmine.«, sagt dies zunächst einmal nicht sehr viel. Nur dass dort, wo Sie Land besitzen, Gold gefunden wurde. Doch wie leicht ist es zu schürfen? Wie groß sind die Vorräte? Wie sicher ist der Abbau? Und wie werden Sie das Quecksilber wieder los, dass Sie benötigen, um das Gold aus Steinen und Sand herauszulösen? Im schlimmsten Fall müssen Sie sich eingestehen: Sie besitzen Gold. Aber es ist für Sie wertlos. Und all das, was Sie mit mühevoller Arbeit aus der »Goldmine« herausgeholt haben, lässt sich nur noch als Sondermüll entsorgen.

Ähnlich verhält es sich mit Daten. Nehmen wir an, Sie haben zehn Kunden. Vom ersten wissen Sie das Geschlecht, vom zweiten die E-Mail-Adresse, vom dritten, dass diese Person auffällig häufig Katzenfutter bestellt, vom vierten die Postleitzahl, vom fünften die Schuhgröße und so weiter und so weiter. Was bringen Ihnen diese Daten? Falls Sie zufällig jemanden kennen, der Zubehör für Katzen verkauft, können Sie einen Kontakt weitergeben. Vorausgesetzt, die Person hat zugestimmt, dass Sie die Daten weitergeben dürfen. Aber sonst? Ihre Daten haben eine schlechte Qualität. Sie sind schwer zu verwerten und schwer zu vermarkten.

Rechnen Sie dieses Beispiel einmal auf zehn Millionen Datensätze hoch. Von zehn Millionen Kunden wissen Sie irgendetwas. Dummerweise steckt dieses Wissen auf Hunderten von Rechnern Ihrer Mitarbeiter und Mitarbeiterinnen, in verschiedenen Datenbanken, die bislang nicht miteinander verbunden sind, und in den Produkten, die Sie – so wie beim Auto in der Werkstatt – über eine Schnittstelle auslesen können. Zu jedem Datensatz haben Sie zu allem Überfluss auch noch eine unterschiedliche Rechtslage:

- Ihr Kunde hat zwar zugestimmt, dass Sie ihn per E-Mail kontaktieren dürfen;
- Auch liegt Ihnen eine Einwilligung vor, dass Sie die Daten aus dem Produkt für Servicezwecke nutzen können;
- Doch Sie haben keine Zustimmung darüber, dass Sie die Daten aus dem Produkt für Ihre Werbung verwenden dürfen;
- Und schon gar nicht hat Ihr Kunde jemals zugestimmt, dass Sie zufällige persönliche Informationen aus dem Gespräch mit einem Servicemitarbeiter (im Hintergrund waren zwei Kinder zu hören und der Mitarbeiter hat den Button »Kinder« angeklickt) einfach so für gezieltes Marketing verwenden dürfen.

Sie merken: Sie können zwar Daten besitzen, diese jedoch nur schwer verwerten. Im Gegenteil: Seitdem die Datenschutzgrundverordnung DSGVO (siehe Kapitel 1) vollumfänglich in Kraft getreten ist, sitzen Sie möglicherweise sogar auf toxischem Sondermüll. Sie haben vor zehn Jahren eine E-Mail-Kampagne gestartet und damals (in den Wildwestzeiten des E-Mail-Marketing) die Daten von einem obskuren Adresshändler gekauft, der Ihnen zugesichert hat, dass Einwilligungen vorliegen. Doch für was liegen die Einwilligungen vor? Wenn Sie nicht sicher sind, kann das zu rechtlichen Problemen führen.

Die Herausforderung: Eine wirklich gute Datenstrategie aufbauen

Genau das sind die Probleme beim Aufbau einer Datenstrategie. Zumal das Prinzip der Datensparsamkeit mittlerweile in der Gesetzgebung Einzug gehalten hat. Sie dürfen gar nicht mehr wild alles das sammeln, was Ihre Kunden von sich preisgeben. Im Kern hat uns der Gesetzgeber dazu gezwungen, darüber nachzudenken, was wir mit den Daten überhaupt anstellen wollen. Beim Inkrafttreten der DSGVO hat das IT-Verantwortliche und Datenschützer zunächst einmal in den Wahnsinn getrieben. Was tun mit all den schönen Daten? Wahrscheinlich haben auch Sie reihenweise Abschiedsmails erhalten, in denen sinngemäß stand: »Bitte stimmen Sie zu, dass wir Sie anschreiben dürfen. Ansonsten werden Sie nie wieder etwas von uns hören. Wir wünschen Ihnen noch ein schönes Leben.«

Der erste Schock ist vorbei, die Welt steht immer noch. Aber um aus Daten wirklich Gold zu machen, ist es wichtiger denn je, sich über eine Datenstrategie Gedanken zu machen. Sinngemäß besagt eine Datenstrategie nichts weiter als: Welche Daten sammle ich warum und was will ich damit anfangen? Vor genau dieser Frage stand übrigens auch Facebook.

Beispiel Antonio Garcia Martinez hat es in seinem Buch *Chaos Monkeys* sehr schön beschrieben. Er gehörte zu dem Team, das bei Facebook Nutzerverhalten in Umsatz verwandeln sollte. Was heute wie selbstverständlich erscheint und zu Skandalen geführt hat, war zu Beginn eine fast schon verzweifelte Suche nach einem Geschäftsmodell, mit dem sich Facebook endlich monetarisieren lässt. Im Buch beschreibt er die Herausforderungen so: Niemand wusste am Anfang genau, welchen Informationsgehalt der Klick auf ein Katzenfoto oder auf das Urlaubsbild von Bekannten wirklich hat. Es war schlichtweg unmöglich, auf Basis des Nutzerverhaltens vermarktbare Profile zu erhalten – auch wenn man das der Werbewelt stets erzählte.

Auch Facebook hatte zu Beginn keine klare Datenstrategie

So entstand die Idee, den Like-Button auf Webseiten außerhalb des Facebook-Netzwerks zur Datensammlung zu nutzen. Jetzt hatte Facebook endlich das, was zum Teil dem eigenen Netzwerk fehlte: Einen soliden Hinweis darauf, wofür sich bestimmte Nutzer interessieren. Schon allein der Aufenthalt auf der anderen Webseite wurde gemessen und ins Profil übertragen. Die perfekte Überwachungsmaschinerie, entstanden aus einer einfachen Frage: Wie verdienen wir aus den Unmengen an Daten Geld? Sie merken bereits: Daten können durchaus das neue Gold sein, aber der Weg dorthin ist ähnlich schwer wie einst der zum Klondike Ende des 19. Jahrhunderts. Mehr als hunderttausend Goldsucher strömten damals an die Grenze zwischen Kanada und Alaska. Die Gewinner des damaligen Goldrauschs suchten nicht überall, sondern möglichst gezielt.

Nicht wahllos Daten sammeln!

Digitale Gewinner sammeln nicht wahllos Daten. Sondern die richtigen. Egal ob Sie Bäcker, Friseur, Anwalt, Maschinenbauer oder Vorstandsvorsitzender eines großen Versicherungskonzerns sind:

Beispiel Ihr Ziel kann beispielsweise sein,

- Ihren Kunden künftig nur noch die Informationen zuzusenden, die für sie relevant sind,
- Ihren Kunden Angebote zu machen, die zu Ihrem Interessenprofil passen und die für sie sinnvoll sind,
- die Daten Ihrer Kunden an andere zu verkaufen,
- die Daten Ihrer Kunden zu Zwecken der Marktforschung und der Produktoptimierung einzusetzen,
- auf Basis Ihrer Kundendaten neue Angebote, Produktmerkmale und Services/Dienstleistungen zu entwickeln et cetera.

Die Überlegungen sind immer die gleichen. Eine Datenstrategie denken Sie vom Ende her. Sie fragen sich: Was möchte ich damit erreichen?

Keines dieser Ziele ist grundsätzlich gut oder schlecht. Machen Sie sich ein Bild davon, was Sie durch die Sammlung von Daten erreichen möchten.

Überlegen Sie, welche Daten Sie benötigen, um Ihre Ziele zu erreichen. Nehmen wir an, Sie sind Bäcker und stehen in harter Konkurrenz zu zwei weiteren Bäckereien. Möglicherweise macht es dann Sinn, zu erheben, welche Kunden an welchen Tagen zu Ihnen kommen und an welchen Tagen sie woanders hingehen. Dadurch bekommen Sie möglicherweise heraus, dass Sie montags deshalb Kunden verlieren, weil Ihre Konkurrenz ein spezielles An- gebot hat, das besonders für Berufstätige interessant ist. Hierzu brauchen Sie unter anderem folgende Informationen: Welcher Typ Kunde ist es? Wie oft kauft er bei Ihnen? Was kauft er? Dieses Bei- spiel können Sie auf praktisch alle Branchen übertragen.

Wie wollen Sie die Daten erheben? Wenn Sie jeden Kunden über Ihre Ziele mündlich aufklären, die Rechtslage erklären und eine Abfrage starten, rufen Sie bei Ihren Kunden ein unangenehmes Gefühl hervor. Zudem wird Ihre Schlange wahrscheinlich so lang, dass Ihre wartenden Kunden freiwillig zur Konkurrenz gehen. Sie müssen also überlegen, wie Sie an diese Daten herankommen. Ein Gewinnspiel im Internet, ein digitales Bonusprogramm, eine Kundencommunity, eine Zufriedenheitsbefragung oder Ähnliches.

Was müssen Sie tun, damit Sie diese Daten auch wirklich verwenden können? Stellen Sie sich vor, Sie haben eine riesige Datenbank, in der alle Ihre Informationen über Kunden zusammenfließen. Jedes Mal, wenn sie mit Kreditkarte gezahlt haben, wird das bei Ihnen als Kaufzeitpunkt registriert. Die Ergebnisse der Kundenzufriedenheitsbefragung fließen ein. Und durch einen geschickt gesetzten sogenannten Cookie (ein kleiner Codeschnipsel, den Sie im Browser beim Besuchen Ihrer Webseite platzieren) sammeln Sie die Bewegungsdaten Ihrer Kunden auf Ihrer Webseite. Daraus machen Sie ein Profil. Dummerweise haben Sie Ihren Kunden nie gesagt, dass Sie Daten von Transaktionen mit der Kreditkarte speichern und auch in der Kundenzufriedenheitsbefragung haben Sie vergessen anzugeben, dass Sie daraus ein Kundenprofil bauen. Die Kunden dachten, die Befragung sei anonym. Jetzt sitzen Sie nicht auf Gold, sondern auf toxischem Sondermüll. → *Hehe!*

Im schlimmsten Fall schüttelt Ihr Datenschutzbeauftragter den Kopf und sagt: »Diese Daten müssen fachgerecht entsorgt werden.« Dann zahlen Sie sogar Geld dafür, dass das, was Sie für Gold hielten, aus Ihren Systemen wieder verschwindet.

Digitale Gewinner durchdenken solche Fragen gründlich, bevor sie handeln

»Aber Google hat doch auch niemanden gefragt, bevor sie mit Autos durch die Straßen gefahren sind und Aufnahmen für Street View gemacht haben?« Doch. Google hat alle möglichen Folgen vorher durchdacht. Niemand investiert Millionen in ein solches Projekt, ohne sich vorher Gedanken über die Folgen gemacht zu haben. Der Unterschied: Der klassische Jurist sieht alle möglichen Gefahren und warnt lautstark davor. Juristischer Rat ist oft so demotivierend, dass Sie sofort aufhören zu denken. Dabei hat jede Richtlinie und jedes Gesetz einen Ermessensspielraum. Diesen kann man sehr eng auslegen, sodass Sie unter allen möglichen Umständen auf der sicheren Seite bleiben. Oder man legt ihn großzügig aus und schaut einmal, ob sich der Rechtsrahmen dehnen lässt. Genau das hat Google getan. In der Folge mussten einige Häuser unkenntlich gemacht werden. Das war es dann aber auch.

Die Datenstrategie der großen Technologiekonzerne ist gut durchdacht. Oft mutiger, als wir es von konservativen Unternehmern und Managern gewöhnt sind, aber auf jeden Fall bis ins Detail ausgearbeitet. Wenn Sie aus Daten Gold machen wollen, nehmen Sie sich zwei bis drei Tage Zeit und erarbeiten Sie eine Datenstrategie nach dem Muster, das ich Ihnen beschrieben habe.

Am Anfang erscheint diese zusätzliche Extraschleife wie zusätzlicher Aufwand. Das ist es auch. Aber es ist lohnenswerter Aufwand.

Stellen Sie sich vor, Sie hätten zum Ende des 19. Jahrhunderts gelebt und erfahren, dass in Alaska Gold gefunden wurde. Hätten Sie sich sofort auf den Weg gemacht? Oder hätten Sie noch zwei bis drei Tage überlegt, welches Wetter Sie in Alaska erwartet, wie Sie dort hinkommen und wie Sie Ihren Claim abstecken? Gewinner haben letzteres getan.

Die wichtigste Erkenntnis aus dem Satz »Daten sind das neue Gold« lautet: Nicht alle, die danach schürfen, werden auch reich. Und: Erst nachdenken und planen, dann schürfen.

Unternehmen brauchen zwei Betriebssysteme

Die Jahre nach 2010 haben sich durch putzige Bilder ausgezeichnet: Automobilvorstände ohne Schlips in der Berliner Start-up-Szene. Wow. Wie cool! Die Silicon-Valley-Tour des Axel-Springer-Vorstands. Zum Nachmachen empfohlen, aber nicht die alleinige Lösung für die Herausforderungen der Zukunft. In Unternehmen gilt es jetzt, den Spagat zwischen dem operativen Geschäft und den Anforderungen von Innovation gleichzeitig gerecht zu werden.

Dazu brauchen Sie zwei Strukturen. Zunächst die klassische hierarchische, wie wir sie kennen: Eine Geschäftsführung beziehungsweise ein Vorstand, Abteilungen und Fachbereiche, Mitarbeiter, Mitarbeiterinnen und Teams. Schön strukturiert in einem Organigramm.

Diese Struktur ist perfekt dazu geeignet, das operative Geschäft zu managen. Für Innovation ist sie denkbar untauglich: zu langsam, zu ineffizient. Unternehmen brauchen zusätzlich eine Netzwerkstruktur. Um digitale Innovation umzusetzen, arbeiten Mitarbei-

Klassische Unternehmenshierarchie, abgebildet im Organigramm.

ter und Mitarbeiterinnen unterschiedlicher Fachbereiche temporär zusammen – häufig ergänzt um externe Experten, Kunden und teilweise sogar Mitarbeiter aus anderen Unternehmen und von Mitbewerbern.

Diese parallele Struktur steht im Widerspruch zur ersten:
- Hierarchien werden zum Teil umgedreht (»Gestern waren Sie mein Chef, heute bin ich Ihrer.«),
- es existiert eine andere Innovationskultur (»Montag bis Mittwoch werden Fehler bestraft, Donnerstag und Freitag belohnt.«),
- die parallele Struktur wird durch andere Strukturen zusammengehalten (»Folgen Sie dem Prozess nicht, entwickeln Sie einen neuen.«).

Diese internen Innovationsnetzwerke arbeiten autonom und zielorientiert an neuen Konzepten, Services und Geschäftsmodellen. In diesem Kapitel lernen Sie die Vor- und Nachteile der klassischen Unternehmensstruktur und der Netzwerkstruktur kennen. Und Sie erfahren, wie Sie das Beste aus beiden Welten miteinander verbinden können.

Die Vorteile der klassischen Unternehmensstruktur

Im Organigramm steht die Geschäftsleitung (alternativ der Vorstand) ganz oben, dann geht es in die Bereichsleitungen, in die Abteilungsleitungen und in die Teamleitungen. Dazu gibt es Stabsstellen: Themen wie Unternehmenskommunikation oder Innovation, die direkt an der Chefetage angesiedelt sind.

- Unternehmensstrategien werden oben beschlossen und nach unten hin kommuniziert;
- Ziele werden definiert und durch KPIs (Key Performance Indicators) kontrolliert;
- Für jeden Ablauf im Unternehmen gibt es eine Beschreibung beziehungsweise Handlungsanweisung, die möglichst genau zu befolgen ist;
- Feste Zuständigkeiten sorgen dafür, dass jede Aufgabe strukturiert abgearbeitet wird. »Wer ist Ansprechpartner für …?« In einem klassisch organisierten Unternehmen ist diese Frage innerhalb weniger Sekunden zu beantworten.

Die klassische Unternehmensstruktur hat einen großen Vorteil: Sie ist hocheffizient. Mitarbeiter und Mitarbeiterinnen zeichnen sich durch ein hohes Maß an Spezialisierung aus:

- Die Produktion ist dafür zuständig, dass Aufträge schnell, qualitativ hochwertig und kosteneffizient abgearbeitet werden;
- Das Marketing sorgt dafür, dass Kunden die Produkte auch verstehen und neugierig darauf werden, sie zu kaufen;
- Und der Vertrieb baut enge Beziehungen zu potenziellen künftigen Kunden auf, um Abschlüsse zu erzielen.

Die Leistungen jeder Abteilung und jedes Teams werden durch Kennzahlen gemessen: In der Produktion sind es beispielsweise die Reaktionsgeschwindigkeit und die Anzahl fehlerhafter Produkte (die möglichst niedrig sein sollte). Im Onlinemarketing sind es unter anderem die Öffnungsrate von Newslettern oder Kennzahlen über die Wirksamkeit von Anzeigen. Im Vertrieb sind es Kennzahlen wie beispielsweise die Anzahl neuer Kunden sowie der Auftragswert.

In meinen Vorträgen und Keynotes stelle ich häufig eine rhetorische Frage: Wofür wurde diese Unternehmensstruktur entwickelt? Die Antwort: Nicht für Innovation. Und damit auch nicht für die Umsetzung der Digitalisierung.

Die klassische Unternehmensstruktur bringt vor allem Vorteile hinsichtlich der Effizienz: So kostengünstig und so qualitativ hochwertig wie möglich produzieren. Und das in jeder Branche: Das Produkt einer PR-Agentur sind Pressemitteilungen beziehungsweise erreichte Kontakte. Das Produkt eines Industrieunternehmens ist eine Maschine. Das Produkt eines Unternehmens wie Amazon ist die erfolgreiche Zustellung eines verkauften Artikels. Auch das

Produkt »Pressemitteilung« oder »erfolgreiche Artikelzustellung« wird profitabler, je schlanker die Unternehmensstrukturen und je besser ausgebildet Mitarbeiter sind.

Die klassische Unternehmensstruktur wurde nicht für die Herausforderungen sich wandelnder Märkte entwickelt

Eine gewisse Form der Trägheit ist im operativen Geschäft nicht unbedingt von Nachteil. Im Gegenteil: Häufig ist Trägheit ein Qualitätsmerkmal. Mitunter sogar ein Wettbewerbsvorteil.

- Wenn jeder Vertrag mit einem Kunden ohne Prüfung durch die Rechtsabteilung herausgeschickt werden würde, würde das den Vertriebs- und Abschlussprozess erheblich beschleunigen. Allerdings mit dem Nachteil, dass der Vertrag später rechtlich anfechtbar wäre.
- Natürlich wäre es einfacher und schneller, wenn jede Abteilung das, was sie benötigt, per Knopfdruck im Internet bestellen und sich liefern lassen würde. Der Einkauf bremst an dieser Stelle zu Recht. Denn möglicherweise würde das Unternehmen viel mehr bezahlen, als es müsste.
- Bei Dienstreisen macht es Sinn, vor einem spontanen Kundenmeeting in Schanghai zunächst einmal einen Antrag stellen zu lassen und zu prüfen, ob nicht ein Webmeeting genauso zum Ziel führen würde.
- Interne IT-Richtlinien sind zu befolgen, um einen Wildwuchs bei Anwendungen zu vermeiden.

Dummerweise steht genau das, was ein Unternehmen im operativen Geschäft erfolgreich macht, Innovation und Digitalisierung häufig im Weg.

Beispiel

- Die Entwicklung von Prototypen digitaler Geschäftsmodelle zieht sich über Wochen hin, weil die IT zunächst einmal intern klären muss, ob die Nutzung einer Cloud-Plattform mit den internen Richtlinien vereinbar ist;
- Die Organisation von Workshops verzögert sich, weil die Reisekosten-Richtlinien solche Art von Reisen eigentlich nicht vorsehen;
- Und die Rechtsabteilung bremst die Durchführung einer Open Innovation Kampagne, weil das Unternehmen hier rechtliches Neuland betritt.

Das Tückische: Jedes Argument ist in sich sehr gut begründet und teilweise sogar sinnvoll. In ihrer Summe werden sie zu Barrieren, die dazu führen, dass Innovations- und Digitalisierungsprojekte nur langsam vorankommen. Erschwerend kommt hinzu, dass viele Fachabteilungen defensiv denken: Im operativen Geschäft gilt es, den schlimmsten anzunehmenden Fall frühzeitig als Risiko zu identifizieren und auszuschließen. Innovatoren jedoch interpretieren Regeln häufig großzügiger.

Beispiel In einem unserer Projekte mit einem großen Telekommunikationskonzern wurde die Idee entwickelt, gemeinsam mit externen Innovationspartnern eine digitale Plattform zu entwickeln. Bereits die Entwicklung eines Prototypen verzögerte sich um mehr als sechs Monate. Die Rechtsabteilung warf die – eigentlich berechtigte – Frage auf, welches Unternehmen am Ende die Rechte am Code erhält. In letzter Konsequenz wurde über knapp ein Jahr keine einzige Zeile Code geschrieben. Während Mitbewerber mit Vollgas entwickelten. Die pragmatische Lösung wäre gewesen: Der Code steht allen am Projekt Beteiligten zur Verwendung offen. Genau das würde jedoch ein Unternehmen im operativen Geschäft niemals tun.

Die Frage, um die es hier geht: Was ist wichtiger? Exklusivität (mit dem Risiko, dass ein Ergebnis nur sehr spät oder überhaupt nicht zustande kommt) oder Geschwindigkeit?

- In einem Unternehmen, in dem Trägheit ein Teil des Wettbewerbsvorteils ist, wird die Antwort in der Regel lauten: Exklusivität ist wichtiger.
- In einem Unternehmen, das möglichst schnell Erfolge erzielen möchte, wird die Antwort lauten: Geschwindigkeit ist wichtiger.

Innerhalb der klassischen Unternehmensstruktur ist es nur schwer vermittelbar, dass Trägheit manchmal ein Vorteil und manchmal ein Nachteil ist.

Die Vorteile einer Netzwerkstruktur

Sie möchten eine Reise unternehmen, die Sie noch nie zuvor unternommen haben. Bislang sind Sie mit Ihrer Familie einmal im Jahr zu einer der bekannten Tourismusdestinationen gereist: Mal war es Ägypten, mal die Türkei, mal die Kanarischen Inseln. Die Organisation dieser Reisen ist für Sie mittlerweile Routine: Sie kennen die Internetportale, in denen Sie Preise miteinander vergleichen können, Sie haben sich in die Hotelbewertungsportale eingearbeitet und Ihr Reisebüro um die Ecke bucht zuverlässig jede Reise bei den führenden Reiseveranstaltern. Der Vorteil der Routine: Jedes Mal, wenn Sie eine Reise buchen, geht es ein bisschen schneller.

Jetzt möchten Sie etwas tun, was Sie noch nie zuvor getan haben: Eine komplett selbst organisierte Reise unternehmen in einem Land, dessen Sprache Sie nicht sprechen, das Sie nicht kennen und von dem Sie nichts weiter wissen, außer dass es ziemlich schön sein soll.

Es ist sozusagen Ihr persönliches Innovationsprojekt. Was tun Sie? Sie fragen im Freundes- und Bekanntenkreis nach: Wer hat so eine Reise schon einmal unternommen? Eine Bekannte sagt: »Ich kenne am Reiseziel eine Familie, die Dir weiterhelfen kann.« Sie mailen die Familie an, verabreden ein Skype-Telefonat. Ihre Ansprechpartner vor Ort unterstützen Sie dabei, eine Tour zu planen, eine lokale Reiseführung zu finden und weiter vertrauenswürdige Ansprechpartner zu finden.

Wie sind Sie Ihr persönliches Innovationsprojekt angegangen? Sie sind die routinierten Abläufe umgangen und haben eine Netzwerkstruktur aufgebaut. In meinen Zeiten als Auslandskorrespondent habe ich in beiden Strukturen gearbeitet:

Beispiele

1. Ich habe zwei Jahre lang aus Washington berichtet, zunächst für die Voice of America (den US-Auslandsrundfunk), ein weiteres Jahr als US-Korrespondent für ProSieben. Die Zugänge in Washington sind geregelt. Wenn Sie beispielsweise an einer Pressekonferenz im Weißen Haus teilnehmen wollen, haben Sie feste Ansprechpartner für die ausländische Presse, ein klares Akkreditierungs- und Sicherheitsverfahren und feste Prozessschritte, die Sie einhalten müssen. Bei diesen Verfahren gibt es kein Links und kein Rechts. Einfach schön dem Prozess folgen und alle Anforderungen erfüllen.

2. In meiner Zeit als Nahost-Korrespondent war es das genaue Gegenteil. Ich habe beispielsweise ein Interview mit dem militärischen Kommandeur der Hisbollah im Südlibanon geführt, der von Israel, den USA und zahlreichen westlichen Ländern als Spitzenterrorist eingestuft wurde. Um ihn zu kontaktieren, brauchen Sie ein Netzwerk: Eine deutsch-arabische Journalistin aus Amman (Jordanien) kannte Kollegen, die wiederum Ansprechpartner bei der Hisbollah im Libanon kannten. Mit ihnen haben wir uns mehrfach getroffen und Tee getrunken. Unsere Ansprechpartner haben uns schließlich als vertrauenswürdig eingestuft und zum engeren Kreis des Kommandanten vorgelassen. Unser Interviewtermin fand an einem geheimen Ort statt, bis zum Schluss war nicht klar, ob die Person überhaupt erscheinen würde.

Eine solche Netzwerkorganisation ermöglicht es, Neuland zu betreten und Dinge zu tun, für die es innerhalb einer Organisation keine Erfahrungen gibt. Hätte ich im Südlibanon ein Pressebüro eröffnet und täglich über die Hisbollah berichtet, hätten sich irgendwann feste Strukturen und Abläufe gebildet – aber beim ersten Mal ließ sich dieses Ziel nur über Netzwerke erreichen.

Die Aufgabe von Innovationsnetzwerken

Unternehmen, die Innovation und Digitalisierung vorantreiben wollen, brauchen – ähnlich wie Sie bei der Planung Ihrer selbst organisierten Reise oder ich im Südlibanon – eine Netzwerkstruktur. Sie sorgt dafür, dass Initiativen bereichsübergreifend entwickelt und umgesetzt werden. Neben dem Zuwachs an Geschwindigkeit hat dies noch einen weiteren, ganz praktischen Vorteil: Sie verhindert, dass innovative Lösungen in einem Bereich plötzlich zu Problemen in einem anderen führen. Wenn Sie als Unternehmen beispielsweise einen Onlinekonfigurator für Produkte anbieten, muss sichergestellt werden, dass diese am Ende auch produziert werden können.

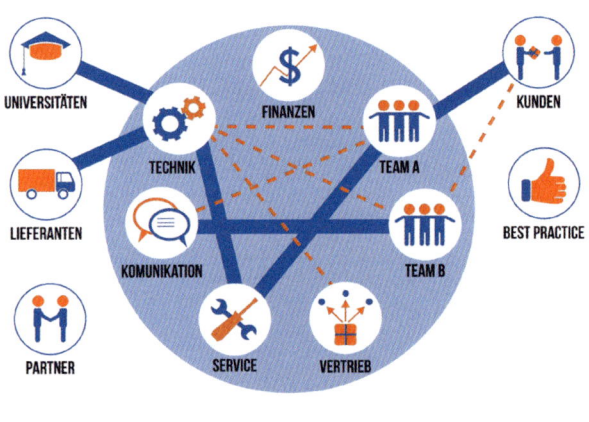

formeller Austausch ▬▬▬▬   informeller Austausch ▪ ▪ ▪ ▪ ▪

Die Netzwerkstruktur besteht häufig nicht aus einem, sondern aus einer Vielzahl kleinerer Netzwerke, die Innovations- und Digitalisierungsprojekte vorantreiben. Ein Beispiel aus unserem Kundenkreis:

- Ein Innovationsnetzwerk beschäftigt sich mit der Aufgabe, interne Prozesse zu digitalisieren. Dieses Netzwerk besteht aus Mitarbeitern unterschiedlicher Bereiche. So fließen Perspektiven aus dem Marketing in die Gestaltung von digitalen Kundenservices mit ein. Bei der Entwicklung digitaler Bestellprozesse fließt das Know-how aus der Produktion über mögliche Reaktionszeiten mit ein.
- Ein zweites Innovationsnetzwerk setzt sich mit dem Einsatz künstlicher Intelligenz in der Logistik auseinander. In diesem Innovationsnetzwerk werden zusätzlich zu eigenen Mitarbeitern Externe eingeladen: Experten für die Anwendung künstlicher Intelligenz in der Logistik, Vertreter anderer Unternehmen, die bereits Erfahrungen in diesem Bereich gemacht haben sowie Universitäten, deren Studenten, ihre Perspektiven und Ressourcen in das Projekt mit einbringen.
- Ein drittes Innovationsnetzwerk entwickelt digitale Geschäftsmodelle für bestehende und potenzielle neue Kunden. Die Mitglieder dieses Netzwerkes nutzen Ansätze aus dem Design Thinking und wählen den Business Model Canvas als Vorgehensmodell. In dieses Netzwerk werden Kunden des Unternehmens mit eingebunden, um den Nutzen für Kunden möglichst schnell in der Praxis zu testen.
- In einem vierten Innovationsnetzwerk arbeiten Mitarbeiter aus verschiedenen Bereichen direkt mit Mitbewerbern zusammen, um eine gemeinsame digitale Plattform voranzutreiben. Die

Kooperation entstand aus der Einsicht, dass eine gemeinsame Plattform für beide Unternehmen besser ist.

Diese Netzwerkstruktur bietet Vorteile im Hinblick auf Kreativität und Entwicklungsgeschwindigkeit. Der Vorteil: Netzwerke können schnell gebildet und wieder aufgelöst werden, Aufgaben und Ziele können sich verändern, ohne dass lange Veränderungsprozesse durchgeführt werden müssen. Die Mitglieder eines Innovationsnetzwerks sind nicht jeden Tag mit gleicher Intensität im Projekt eingebunden. Einige Mitglieder kommen und gehen, andere werden nur zu bestimmten Anlässen hinzugezogen. Die Netzwerkstruktur hat jedoch auch Nachteile. Sie ist bei Weitem nicht so effizient wie eine Organisation mit festen Strukturen, Abläufen und Zuständigkeiten. Die einzelnen Innovationsnetzwerke haben klare Ziele, der Weg dorthin ist jedoch offen.

Die Arbeit in einer Netzwerkstruktur bietet zudem ein deutlich höheres Potenzial für Misserfolge und Frustrationsmomente. Stellen Sie sich vor, Sie sind in dem Land angekommen, das Sie auf eigene Faust erkunden möchten: Zu Beginn kennen Sie weder den Weg noch die Menschen, denen Sie begegnen werden, oder die Orte, die Sie entdecken. Ihr Entdeckungstrip ist mit vielen Strapazen und Rückschlägen verbunden. Straßen sind plötzlich gesperrt, Ihre Ansprechpartner vor Ort melden sich plötzlich nicht mehr oder die angeblich wunderschönen Orte sind hässlich. Im Nachhinein werden Sie nur die schönen Details der Reise erzählen, aber die Reise ist anstrengend und zum Teil frustrierend.

Innovationsnetzwerke arbeiten im Modus »Exploration«: Sie erkunden, Sie probieren aus, Sie entwickeln Ideen um Probleme zu lösen, und Sie sind ständig auf der Suche nach Menschen oder Institutionen, die ihnen weiterhelfen können.

Das Beste von beidem: Klassische Struktur und Netzwerkstruktur zugleich

Unternehmen müssen in der Lage sein, das Bestehende mit klaren Strukturen, Abläufen und Prozessen, Zuständigkeiten und Fachexpertisen aufrecht zu erhalten. Und dieses durch Methoden wie das Ideenmanagement und den kontinuierlichen Verbesserungsprozess zu optimieren. Zugleich müssen sie schnelle Erfolge im Bereich Innovation und Digitalisierung erzielen, Neues ausprobieren und es möglichst schnell erfolgreich umsetzen.

Wie kann das gelingen? Durch eine Unternehmensstruktur, die beides unterstützt. Unternehmen sind damit auf Effizienz und auf Innovation gleichzeitig ausgerichtet. Diese Unternehmen sind gleichermaßen Verteidiger des Bestehenden und Angreifer. Sie sind konservativ und progressiv. Sie denken analog und digital. Sie setzen auf Bewährtes und auf Neues. Sie haben starre Prozesse, aber sie verwenden auch agile Methoden. Es gibt feste Zuständigkeiten und zugleich flexible Rollen.

In der Wissenschaft gibt es dafür einen Begriff: Das Prinzip der Ambidextrie. Die Fähigkeit, beidhändig zu agieren.

Beispiel In der Praxis wird die normale Struktur um eine Netzwerkstruktur ergänzt. Bildlich kann man sich das so vorstellen: Über das Organigramm legen Sie unterschiedliche Netzwerke. Mitarbeiter sind gleichzeitig in ihrer operativen Funktion und in einem beziehungsweise mehreren Netzwerken tätig. Man kann es sich vorstellen wie ein zweites »Betriebssystem«: Es ist, als wenn Sie auf einem Apple-Rechner zusätzlich zu macOS auch noch Windows installiert haben. Sie sind dann in der Lage, sowohl als Apple-Nutzer als auch als Windows-Nutzer zu agieren und wahlweise Programme zu nutzen, die für Apple beziehungsweise für Windows entwickelt wurden.

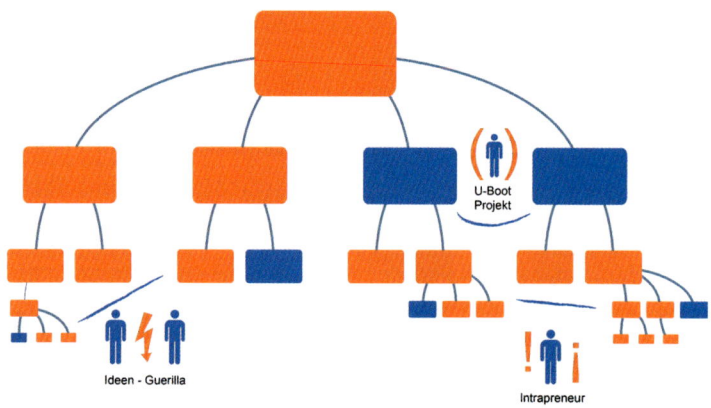

U-Boot
Projekt

Ideen - Guerilla

Intrapreneur

Das beidhändig agierende Unternehmen vereint die Merkmale beider Betriebssysteme. In der Organisation, der Leistungsmessung und den Aufgabenbeschreibungen gibt es kein »oder«, sondern ein »und«: Es gibt gleichzeitig ein Organigramm mit festen Zuständigkeiten und unterschiedliche Netzwerke. Quantitative und qualitative Ziele werden gleichbedeutend gemessen. Mitarbeiter und Mitarbeiterinnen sind Spezialisten und Generalisten zugleich.

Merkmal	Betriebssystem 1: Klassische Unternehmensstruktur	Betriebssystem 2: Netzwerkstruktur
Organisation	Organigramm mit festen Zuständigkeiten und Abteilungszugehörigkeiten	Unterschiedliche Netzwerke zu unterschiedlichen Innovationsfeldern, in denen das Unternehmen Neues entwickeln möchte
Leistungsmessung	Erreichen von quantitativen Zielen, die durch ein Controllingsystem gemessen werden; zum Beispiel Verkaufszahlen, Qualitätsindex et cetera	Erreichen von qualitativen Zielen, wie zum Beispiel Anzahl und Bewertung von Ideen, Unterstützung anderer bei der Entwicklung
Betroffene	Alle Mitarbeiter des Unternehmens sind in der Struktur verankert und haben in der Regel klare Jobprofile	In der Regel nur ein Teil der Belegschaft; Innovationsnetzwerke bilden sich, verändern sich und werden wieder aufgelöst
Aufgabenbeschreibungen	In der Regel klare Beschreibung von Stellen mit festen Zuständigkeiten und Verantwortlichkeiten	Breiter angelegtes Aufgabenspektrum mit unterschiedlichen Rollen und wechselnden Verantwortlichkeiten
Teamzusammensetzung	Gewährleistung von Stabilität im operativen Geschäft, Ermöglichung einer hohen Effizienz	Entwicklung und erfolgreiche Umsetzung von Ideen und Initiativen für Innovation und Digitalisierung
Prozesse und Strukturen	Arbeit in festen Teams, fachlicher Austausch mit anderen über klar definierte Schnittstellen	Kommunikation über Bereichsgrenzen hinweg, Einbeziehung von Externen (Kunden, Lieferanten, Universitäten)
Ziel	Verbindlich festgelegt, Änderungen brauchen die Zustimmung des Managements, in der Regel über Change Management Projekte	Zielbezogen und flexibel, können durch Mitglieder des Innovationsnetzwerks verändert und angepasst werden

So bauen Sie digitale Kundenbeziehungen auf

Im Internet müssen sich Unternehmen mit einer Spezies Kunden auseinandersetzen, die viele nicht verstehen. Kunden, deren Aufmerksamkeit sie nur schwer bekommen – und die sich im Bruchteil einer Sekunde entscheiden, einem Anbieter den Rücken zu kehren. Digitale Kunden handeln scheinbar irrational. Doch nur scheinbar. Denn Kunden im Internet sind vor allem eines: Überfordert. Unternehmen, die das verstehen, können erfolgreich digitale Kunden gewinnen.

Wenn sich Kunden früher mit den Angeboten eines Unternehmens auseinandersetzten, taten sie dies in der Regel aus tiefer Überzeugung. Transparenz zu bekommen war schwer, wer sich wirklich informieren wollte, musste sich anstrengen. Und heute? Das genaue Gegenteil. Egal, wo sich Internetnutzer gerade aufhalten, die nächste Werbebotschaft ist nur wenige Sekunden weit weg. Ständig locken Rabatte, werden neue Fernsehserien und Videos angepriesen, werden Kunden dazu eingeladen, ihre Verträge und ihre Anbieter zu wechseln.

Beispiel Blick in den Kopf eines typischen Internetnutzers

Ich komme auf eine Webseite. Sie gefällt mir nicht. Weg. Ich möchte einen neuen Vertrag abschließen. Tarif ist mir zu kompliziert. WhatsApp meldet sich gerade: »Lustiges neues Video bei YouTube – Schon gesehen?« Ich schicke drei Smileys zurück. Was wollte ich? Ja, Vertrag. Gehe aufs Vergleichsportal. Wow, da kann ich sparen. Den ersten Anbieter will ich nicht. Superdoofer Konzern. Hab neulich bei Facebook gelesen, dass der ganz blöd sein soll. Da, guter Anbieter. Finde sofort den Knopf zum »Jetzt abschließen«. Push-Nachricht vom Facebook-Messenger: »Heute Abend Party«. Muss schnell machen. Vertrag noch abschließen. Was ist das für ein blödes Formular? Kein Bock, es auszufüllen. Dann eben morgen. Heute kein Vertrag.

Die Folgen lassen sich in Studien ablesen. Schon im Jahr 2011 stellte der Branchenverband Bitkom fest: Mehr als 30 Prozent der Deutschen fühlen sich häufig von Informationen überflutet. Im Mai 2016 veröffentlicht die Universität Bielefeld eine Studie: Mehr als die Hälfte der Deutschen fühlt sich von der Informationsflut zu Gesundheitsthemen überfordert. Und das betrifft nicht nur die Älteren. Auch 14- bis 34-Jährige fühlen sich laut Studie »Zukunft Gesundheit 2018« massiv überfordert: »Stress durch digitale Medien wird vor allem ausgelöst durch die vielen Ablenkungsmöglichkeiten wie Blogs, Videos und Chats in sozialen Netzwerken«, schreibt die Stiftung »Die Gesundarbeiter« in Zusammenarbeit mit der Schwenninger Krankenkasse. »67 Prozent können sich diesen nach eigenen Angaben nicht entziehen. Unter Druck gesetzt sehen sich mehr als 50 Prozent auch durch die allgemeine Informationsflut, ausgelöst beispielsweise durch Push-Nachrichten, Mails und Newsletter.«

Mit dieser Spezies Mensch haben es Unternehmen zu tun, wenn sie komplexe Angebote und Dienstleistungen vermitteln wollen.

Überforderung: Digitale Kunden sind widersprüchlich

Warum schotten sich Kunden nicht einfach ab und rufen wie früher im Callcenter an oder besuchen eine Geschäftsstelle? Weil das Informationsüberangebot zwei Seiten hat: Der ständigen Überforderung durch neue Informationen und neue Reize steht die neue Autonomie des Kunden gegenüber. »Generation Google« prüft alles nach. Eben noch durch den ständigen Nachrichtenstrom am Rande der Überforderung, jetzt schon aktiv auf der Suche nach Informationen.

Beispiel Jemand bietet mir den günstigsten Tarif an? Kann nicht sein. »Günstigster Tarif« eingetippt – da werden mir gleich zwanzig Suchergebnisse angezeigt, die angeblich alle der günstigste Tarif sind. Wem soll ich da glauben?

Die Folge: Misstrauen. Werbebotschaften wie in den Neunzigerjahren, falsche Versprechen und überzogene Superlative werden sofort entlarvt. Digitale Kunden machen ihrem Ärger dort Luft, wo sie ohnehin sind. Sie schreiben negative Bewertungen bei Facebook, manche lösen damit sogenannte Shitstorms aus. Sind sie gerecht? Nein. Auch das ein Phänomen des Internets. Früher gab es das aufwendig formulierte Schreiben an ein Unternehmen oder den Leserbrief an die Zeitung. Heute können Kunden im Internet jederzeit Dampf ablassen. Spracherkennungstaste drücken, Worte der Wut diktieren, fertig.

Ungeduld: Die Aufmerksamkeit hält nur wenige Sekunden

Eine weitere Folge der Überforderung: Ungeduld. Jede Botschaft, die nicht im Bruchteil einer Sekunde verstanden wird, wird ignoriert. Selten waren Kunden so wenig bereit, sich mit Komplexität auseinanderzusetzen.

> **Beispiel** Tarife mit merkwürdig klingenden Namen und Konditionen, die ich nicht sofort verstehe? Warum überhaupt damit beschäftigen? Die Alternative ist doch schon direkt verfügbar. Der Kontakt-Button fällt nicht sofort ins Auge? Egal! Die Webseite ist schnell gewechselt und der Button bei der Konkurrenz ist auffälliger. Das Design der Seite spricht mich nicht an? Dann kann das ganze Unternehmen nichts sein.

Digitale Kunden sind verwöhnt. Gehen Sie nur einmal den Browserverlauf Ihres eigenen Rechners durch. Dann sehen Sie, mit wie vielen Webseiten Sie im Laufe eines Tages Kontakt hatten. Sie haben ständig den Vergleich zwischen guten und schlechten Webangeboten. Und das branchenübergreifend.

> **Beispiel** Ein Bestellprozess, der komplizierter ist als bei Amazon? Warum? Verstehe ich nicht. Weg. Die Webseite lädt nicht schnell genug? Das Absenden des Formulars dauert zu lange? Es gibt eine technische Störung? Toleranzgrenze: Null. Warum lange damit aufhalten? Es gibt genügend Alternativen. Weg!

Untreue: Einmal gewonnene Kunden sind schnell wieder weg

Sie können Ihre Kunden in einer Marktforschungsstudie fragen: »Haben Sie schon einmal daran gedacht, Ihren Anbieter zu wechseln?« Die Antwort ist beinahe egal. Digitale Kunden denken nicht darüber nach, ihren Anbieter zu wechseln. Sie tun es, weil ihnen das fortwährende Angebot suggeriert: »Du bist blöd, wenn du treu bleibst.«

Digitale Kunden sind nur so lange treu, bis ein besseres Angebot kommt.

Beobachten Sie sich selbst: Sie nutzen Facebook. Aber wie oft haben sie gedacht: »Danke, Mark Zuckerberg, dass Du mir dieses großartige Medium geschaffen hast. Ich schwöre Dir ewige Treue.« Niemals. Wenn andere von Facebook weggehen würden, würden Sie es genauso tun. Sobald Sie darin keinen Nutzen mehr sehen: Ihnen doch egal, was mit den Mitarbeitern von Facebook passiert ...

Digitale Kunden werden nicht verstanden

In meinem Buch *Digitale Disruption* habe ich das Phänomen des »Digital Lifestyle« beschrieben: »Digital Lifestyle ist für traditionelle Unternehmen eines des größten Probleme. Entlang der Entscheidungsketten wird digitaler Lebensstil häufig nicht verstanden.«

Unternehmen, die den digitalen Wandel erfolgreich meistern wollen, müssen sich auf Kunden einstellen, die gleichermaßen überfordert, ungeduldig und untreu sind. Doch Entscheidungsstrukturen und Angebote sind häufig noch auf das Gegenteil ausgerichtet: Auf Kunden, die wohlinformiert sind, sich geduldig in Produkte und Angebote einarbeiten und die anschließend eine treue Beziehung bis zum Lebensende eingehen.

Beispiel Der Fokus auf Neukundenakquise. Neue Kunden werden mit Prämien und Boni aller Art angelockt, bestehende Kunden vernachlässigt. Fragen Sie sich selbst: Welche Vorteile haben Kunden eines Unternehmens davon, treu zu bleiben? Vertrag abschließen und pro forma gleich wieder kündigen – dieses Verhalten wird mehr und mehr zur Normalität. Was bieten Unternehmen dafür, dass Kunden nicht wechseln? Welche Art der Beziehungen unterhalten Sie zu Ihren Kunden – außer dass Sie ihnen regelmäßig Rechnungen schicken und neue Produkte verkaufen wollen?

Nutzen Sie die positiven Seiten digitaler Kunden

Überfordert, ungeduldig und untreu. Die Charaktereigenschaften digitaler Kunden klingen zunächst einmal so, als ob man mit diesen Menschen nichts zu tun haben möchte. Doch digitale Kunden haben auch positive Seiten: Sie haben das Bedürfnis, mitzugestalten. Und sie sind bereit dazu, sich einzubringen. Das Beispiel der ISPO Open Innovation Plattform haben Sie in diesem Buch bereits kennengelernt. Unternehmen wie die S-Bahn Mitteldeutschland haben ihre Kunden auf ein Internetportal eingeladen, um gemeinsam Serviceangebote zu optimieren.

> Mit der kostenlosen digitalen Innovationsplattform, die Sie mit diesem Buch erhalten, können Sie eine digitale Beziehung zu Ihren Kunden aufbauen: Etablieren Sie eine Kundencommunity oder binden Sie Kunden direkt in Ihren Entwicklungsprozess mit ein.

Kundencommunitys: Digitale Beziehungen aufbauen

Was früher der persönliche Berater in der Geschäftsstelle war, ist heute die Kundencommunity. Digitale Kunden sind ungeduldig und möchten ihre Fragen sofort und überall loswerden. Hier können sie es tun – so wie sie früher kurz mal in der Geschäftsstelle vorbeischauten. Kunden können sich mit anderen Kunden austauschen, sie diskutieren mit Experten des Unternehmens auf Augenhöhe. Sie können neue Produkte und Angebote als Erste testen und ihre eigenen Erfahrungen berichten.

Für Unternehmen besonders interessant: Kunden hinterlassen dabei ein Profil, über ihre Interessen, ihre Vorlieben und Wünsche. Kunden, die Sie kennen, brauchen Sie nicht mit für sie irrelevanten Informationen zu überfordern. Die Erstellung von Kundenprofilen macht es möglich, Kunden genau die Informationen zuzuspielen, die für sie interessant sind. Und Sie beginnen zu digitalen Kunden eine digitale Beziehung aufzubauen.

Die Facebook-Falle

»Aber das tun wir doch bereits bei Facebook«, hört man häufig von Verantwortlichen. Richtig. Doch bei Facebook sind Unternehmen und Nutzer gleichermaßen nur zu Gast. Die Daten Ihrer Kunden gehören nicht Ihnen. Jede Form von Interaktion, die Sie initiieren, kommt der Intelligenz von Facebook zugute. Ihr Unternehmen selbst lernt dabei wenig. Egal, welche Social-Media-Aktivitäten Sie initiieren – Gewinner ist immer Facebook.

Die wichtigste Aufgabe für Unternehmen: Weg von der Überforderung, hin zur Gestaltung von Kundenbeziehungen

Wenn Sie überforderte Kunden durch sperrige Angebote noch mehr überfordern, bekommen Sie ihre negativen Seiten zu spüren: Ungeduld und Untreue. Der Schlüssel zum langfristigen Erfolg ist eine nachhaltige digitale Beziehung. Wenn Sie es schaffen, digitale

> Die Gestaltung der digitalen Kundenbeziehung wird eine der wichtigsten Zukunftskompetenzen von Unternehmen sein. Das Produkt ist austauschbar. Die Beziehung nicht.

Kunden zu verstehen, Kundenbeziehungen zu gestalten und zu pflegen, werden Sie von ihren positiven Seiten profitieren: Austausch, Mitgestaltung, Kreativität.

Wenn Sie sich als Unternehmen in der Beziehung zu Ihren Kunden nicht austauschbar machen, werden Kunden Sie auch nicht austauschen.

Fazit: Zehn Leitfragen für digitale Gewinner

In der wissenschaftlichen Forschung sind seit Mitte der Neunzigerjahre sogenannte holistische Modelle des Innovationsmanagements entwickelt worden. Sie konzentrieren sich darauf, die Innovationsfähigkeit von Unternehmen zu analysieren und zu steigern. Innovationsfähigkeit beantwortet eine wichtige Frage: Wie gut oder schlecht ist ein Unternehmen in der Lage, Digitalisierung und Innovation erfolgreich umzusetzen? Die nachfolgenden zehn Leitfragen können Sie als Checkliste für die Evaluierung Ihrer digitalen Innovationsfähigkeit nutzen.

Leitfrage 1: Haben Sie eine klare digitale Vision?

Verfügt Ihr Unternehmen über eine digitale Zukunftsstrategie, hinter der das Topmanagement geschlossen steht und die von Mitarbeitern gleichermaßen verstanden und in die tägliche Arbeit übernommen wird? Haben Sie eine Digital Roadmap, die wehtut?

Leitfrage 2: Unterstützt Ihr Wertesystem Innovation?

Wie werden innerhalb eines Teams beziehungsweise einer Geschäftseinheit neue Ideen für die Digitalisierung aufgenommen? Werden Ideen, die im ersten Moment möglicherweise noch nicht ausgereift klingen, sofort gemeinsam weiterentwickelt oder kritisiert?

Leitfrage 3: Bremsen oder fördern Ihre Strukturen Innovation?

Wie fördernd sind die Abläufe und Prozesse, die innerhalb Ihres Unternehmens zur Entwicklung von Ideen und zur Umsetzung von Innovationen geschaffen wurden? In diesem Kapitel haben Sie erfahren, wie Sie die Vorteile der klassischen Unternehmensstruktur und einer Netzwerkstruktur gleichermaßen nutzen können.

Leitfrage 4: Führt Ihr Management Mitarbeiter zu neuen Ideen?

Fördern Führungskräfte auf jeder Ebene den digitalen Wandel optimal oder sind sie darauf ausgelegt, primär die Einhaltung von Regeln und Prozessen zu überwachen? Bei der Entwicklung der digitalen Innovationsfähigkeit von Unternehmen ist die Rolle von Führungskräften eine zentrale.

Leitfrage 5: Stellen Sie die richtigen Ressourcen bereit?

Erhalten Führungskräfte und Mitarbeiter ausreichend Zeit, um Ideen zu generieren und zu fundierten Konzepten weiterzuentwickeln? Haben sie die Möglichkeit, Budgets für Innovationsprojekte zu erhalten? Im letzten Kapitel haben Sie die künftige Rolle des Topmanagements kennengelernt: Die Organisation von Ressourcen für Digitalisierung und Wandel.

Leitfrage 6: Sind Ihre Teams verschieden genug?

Wie sind Teams, die Innovation vorantreiben sollen, zusammengesetzt? Mehr Homogenität fördert eher die effiziente Umsetzung des Tagesgeschäfts, mehr Heterogenität eher Kreativität und Innovation. Setzen Sie Teams durch die in diesem Kapitel beschriebene Netzwerkstruktur zusammen. Haben Sie Teammitglieder, die ein tief greifendes Verständnis für die Bedürfnisse digitaler Kunden und Kundinnen haben?

Leitfrage 7: Setzen Sie die richtigen Anreize für Innovation?

Haben Mitarbeiter und Führungskräfte die richtigen Anreize, um Digitalisierungs- und Innovationsprojekte mit einer hohen Priorität voranzutreiben? Oder sind die Anreize im Unternehmen ausschließlich auf das Erreichen operativer Ziele ausgerichtet?

Leitfrage 8: Wie innovationsfördernd sind Ihre Kommunikationsstrukturen?

Wie wird in Ihrem Unternehmen kommuniziert? Von oben nach unten oder auch lateral – das heißt über Bereichs- und Abteilungsgrenzen hinweg? Ist Ihr Unternehmen mit Kunden, Partnern und externen Experten vernetzt? Sind Sie im Austausch mit digitalen Kunden?

Leitfrage 9: Gehen Sie unternehmerisches Risiko ein?

Wie viel Eigeninitiative und Proaktivität zeigen Mitarbeiter und Führungskräfte innerhalb von Geschäftseinheiten und Teams? Wie viel unternehmerischer Geist ist festzustellen? Haben Sie den Mut, die – wie ich es in Kapitel 3 genannt habe – »hohe Kunst des Scheiterns« im Unternehmen konstruktiv zu leben?

Leitfrage 10: Fördert das Arbeitsklima Innovation?

Wie dynamisch empfinden Mitarbeiter und Führungskräfte das Klima des Unternehmens beziehungsweise der Geschäftseinheit? Empfinden sie einen hohen Grad an Motivation und Aufbruchsstimmung oder eher Resignation und Stillstand?

Anhand dieser zehn Leitfragen können Sie Ihre digitale Unternehmensstrategie ausrichten. Die Einzelheiten zu diesen Leitfragen und die wichtigsten zu beachtenden Punkte haben Sie in diesem Kapitel kennengelernt.

So setzen Sie dieses Buch um

5

Die Jahre ab 2020 werden das Jahrzehnt, in dem künstliche Intelligenz Geschäftsmodelle wie nie zuvor verändert. Technologien wie die Blockchain werden Anwendungsfälle möglich machen, die wir uns heute nicht vorstellen können. Der digitale Wandel wird noch schneller voranschreiten.

Was können Sie tun, um Ihre Innovationsstrategie, Ihr Innovationsmanagement und Ihr Ideenmanagement fit für das Zeitalter der digitalen Disruption zu machen?

- Müssen Sie aus Ihrem Unternehmen eine Schwarmorganisation machen, wie es Dieter Zetsche – bis Mai 2019 Vorstandsvorsitzender von Daimler – für das Unternehmen angekündigt hat?
- Ist es sinnvoll, eine Vielzahl von Digital Labs zu gründen?
- Oder genügt es einfach nur, Ihren digitalen Innovationsprozess effizient zu gestalten?

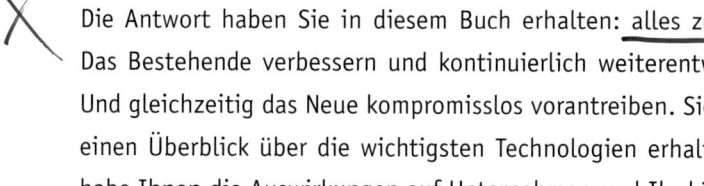

Die Antwort haben Sie in diesem Buch erhalten: alles zugleich. Das Bestehende verbessern und kontinuierlich weiterentwickeln. Und gleichzeitig das Neue kompromisslos vorantreiben. Sie haben einen Überblick über die wichtigsten Technologien erhalten, ich habe Ihnen die Auswirkungen auf Unternehmen und Ihr künftiges Tätigkeitsfeld beschrieben und ich habe Ihnen eine Strategie für Sie und Ihr Unternehmen an die Hand gegeben. Jetzt geht es an den schwersten Teil: die Umsetzung.

Dazu erhalten Sie mit diesem Buch eine kostenlose digitale Innovationsplattform. Mithilfe dieser Plattform können Sie bereichsübergreifende Kollaboration für die Erarbeitung Ihrer

Digitalstrategie nutzen. Beziehen Sie Kolleginnen und Kollegen, aber auch Kunden oder Externe in die Erarbeitung Ihrer Digitalstrategie ein. Sie können Technologien gemeinsam mit anderen Plattformnutzern finden, diskutieren und bewerten. Und damit ein Innovationsnetzwerk initiieren.

So vielfältig können Sie Ihre digitale Innovationsplattform einsetzen.

Über internes Crowdsourcing können Sie Ideen entwickeln und diskutieren, sie anhand unterschiedlicher Kriterien bewerten, zu Konzepten weiterentwickeln und eine Roadmap für die Umsetzung aufstellen. Über statistische Funktionen haben Sie jederzeit einen Überblick über die Innovationskraft Ihres Teams.

Bereits mit der kostenlosen Basisversion, die Sie mit diesem Buch erhalten, können Sie einen digitalen Innovationsprozess in Ihrem Team, in Ihrer Organisation oder in Ihrem Unternehmen aufsetzen.

Natürlich können Sie die digitale Plattform auch alleine verwenden, doch das kreative Potenzial Ihres Umfelds würden Sie damit nicht ausschöpfen. Ihre Innovationsplattform dient dazu, dass Sie Inspirationen (Dinge, die die Konkurrenz tut, Anregungen von Kunden, Beispiele, denen Sie bei der Recherche im Internet begegnen oder Technologien, die Sie spannend finden) anlegen können. Aus diesen Inspirationen entstehen erste Ideen, die Sie mithilfe eines einfachen Innovationsprozesses Schritt für Schritt zur Umsetzung bringen.

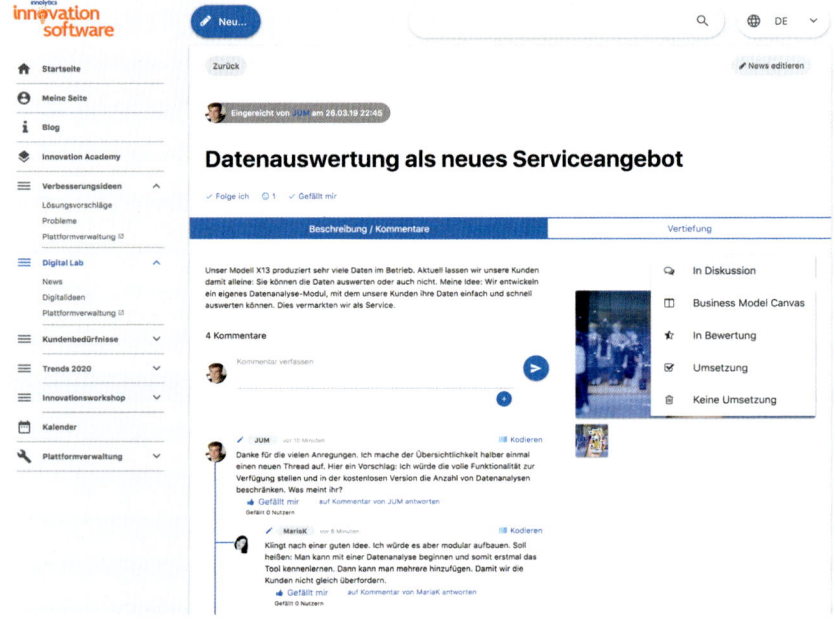

Auf Ihrer Innovationsplattform durchlaufen Ideen einen Entwicklungsprozess.

In diesem Kapitel beschreibe ich Ihnen die einzelnen Schritte genauer und zeige Ihnen, wie Sie schnell und einfach ein digitales Innovationsmanagement aufbauen können.

Ihre Plattform steht bereit

Das war es auch schon. Falls Sie in Ihrem Unternehmen schon einmal mit dem Gedanken gespielt haben, eine Ideenmanagement- oder Innovationssoftware anzuschaffen, brauchten Sie monatelange Projekte, um das Vorhaben zu realisieren. Nicht mit Ihrer Plattform. Sie steht für Sie ab sofort bereit. Als Erstes wird Ihnen auffallen, dass die Plattform nicht leer ist. Wir haben bereits einige beispielhafte Inhalte sowie Musternutzer angelegt.

Außerdem ein Einführungsprogramm, das Ihnen alle Funktionen der Software und den Prozess der systematischen Entwicklung neuer Ideen erklärt. Für spezifische Themen haben wir Video-Tutorials vorbereitet, mit denen Sie einzelne Fragen – beispielsweise wie genau die Ideenanalyse funktioniert – beantworten können.

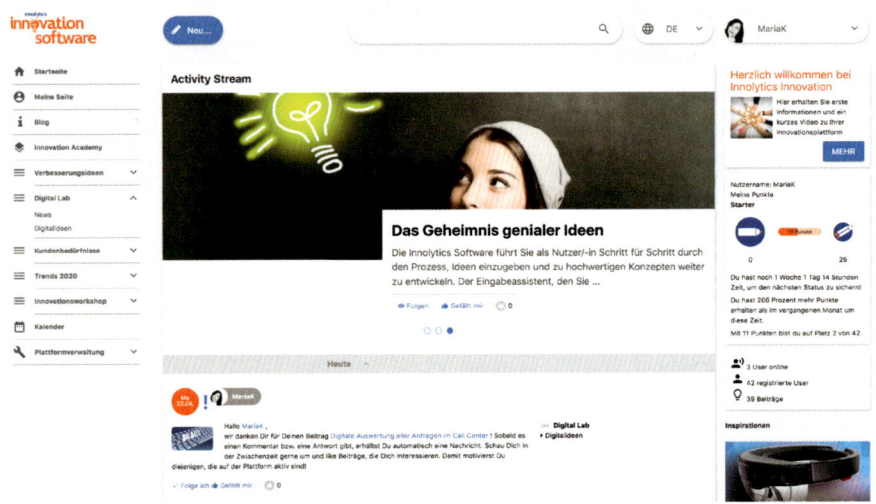

Ihre Innovationsplattform enthält eine kostenlose Akademie.

Sammeln Sie Inspirationen

Sie und diejenigen, die Sie eingeladen haben, entdecken und erfahren täglich etwas zum Thema Digitalisierung. Sie lesen etwas über eine geniale neue Lösung, sprechen mit Kunden über Bedürfnisse, sehen etwas Spannendes auf einer Messe oder erfahren innovative Ansätze auf einem Kongress. Dieses Wissen, das Sie täglich erlangen, wird erst dann wertvoll, wenn Sie es teilen, diskutieren, bewerten und eventuell in bestimmte Aktionen überführen.

Mitbewerberaktivitäten

Beobachten Sie genau, welche Aktivitäten Ihre Mitbewerber am Markt zeigen. Suchen Sie nach innovativen Ansätzen, die diese vorantreiben. Beobachten Sie, wie sich digitale Angebote und Services bei Ihren Mitbewerbern verändern. Was hat Erfolg? Was nicht? Wie gehen Sie vor? In Ihrer Software können Sie diese Beobachtungen dem Thema Mitbewerberanalyse zuordnen.

Trends

Unter Trends notieren Sie alles, was Ihnen auffällt und was für Sie zukunftsweisend erscheint. Sie sind auf ein interessantes Start-up gestoßen, das aus Ihrer Sicht spannende Dinge tut? Sie sind auf einer Messe und finden den Auftritt dort besonders gelungen? Sie stoßen auf eine Webseite, die Sie besonders anspricht? Sie finden einen Artikel, der besonders hilfreiche Informationen über Technologie- und Branchentrends enthält? Ordnen Sie es hier zu.

Beispiel

- Kunden erzählen Ihnen von Problemen und Schwierigkeiten, die sie mit Ihren oder anderen Lösungen haben? Notieren Sie es und ordnen Sie es dem Thema Kundenbedürfnisse zu.
- Sie finden eine spannende Technologie, deren Einsatz Sie gerne bei sich im Unternehmen diskutieren möchten? Notieren Sie sie und ordnen Sie sie dem Themengebiet Technologien zu.
- Alle weiteren Inspirationen ordnen Sie dem Themengebiet Allgemeines zu.

In der Premiumversion können Sie später weitere eigene Themengebiete definieren.

243.272

Entwickeln Sie erste Ideen

Innovation kommt nicht von alleine. Planen Sie sich regelmäßig Zeit für den schwersten Teil ein: Der Entwicklung neuer Ideen. Ideenentwicklung ist mehr als nur ein kurzes Brainstorming.

Bei der systematischen Ideenentwicklung diskutieren und bewerten Sie Ideen, Sie betrachten sie aus unterschiedlichen Perspektiven und bewerten sie in mehreren Stufen. In einem meiner ersten Bücher, das ich über den Erfinder Thomas Edison geschrieben habe, habe ich die Schritte analysiert, die der Erfinder der Glühbirne und anderer Gegenstände bei der systematischen Entwicklung gegangen ist: Erkennen, Definieren, Inspirieren, Sammeln, Optimieren, Nutzen.

Sammeln Sie zunächst alle Ideen, die Ihnen für digitale Prozesse, neue Inhalte Ihrer Webseite, App-Funktionalitäten, digitale Serviceangebote oder digitale Geschäftsmodelle kommen. Ihre Softwarelizenz erlaubt es, dass Sie zunächst einmal alle Ideen sammeln. Sie durchlaufen anschließend einen strukturierten Prozess von der ersten Idee zu einer Erst- und einer Zweitbewertung sowie einem Plan für die Umsetzung.

Wichtig! Geben Sie jeder Idee einen klaren und prägnanten Titel. Eine gute Idee lässt sich in wenigen Worten so beschreiben, dass Außenstehende sie verstehen. Der Titel soll neugierig machen, formulieren Sie ihn knapp und plakativ. Fügen Sie eine kurze Beschreibung hinzu: Stellen Sie sich dabei einen Zeitungsartikel vor. Im ersten Absatz möchten Sie bereits das Wichtigste erfahren.

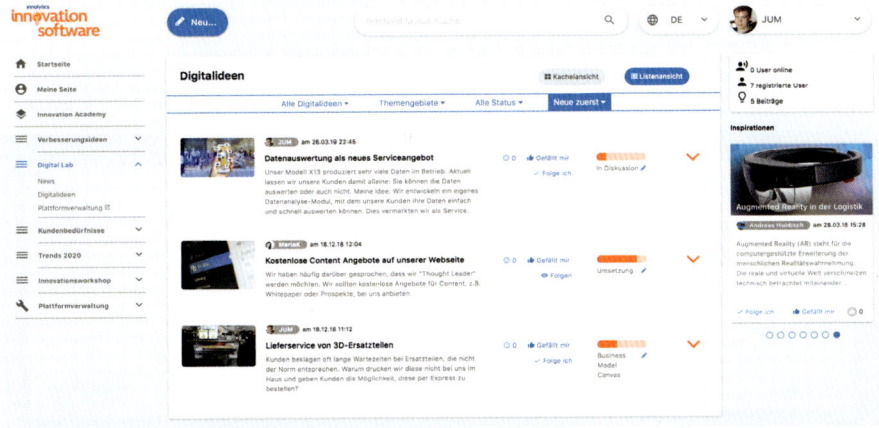

Sammlung von Digitalideen auf Ihrer Plattform.

Diese Funktion erfüllt die Beschreibung von Ideen. Nutzer und Nutzerinnen fassen den wichtigsten Kerngedanken ihrer Idee, das zugrunde liegende Problem und die Umsetzung kurz zusammen. Die Beschreibung einer guten Idee hat idealerweise nicht mehr als drei Sätze.

Auf Ihrer kostenlosen digitalen Innovationsplattform werden Sie durch den Prozess geführt. Jetzt können Sie ein Bild oder eine Grafik hinzufügen, um Ihre Idee zu illustrieren.

Dafür finden Sie auf Ihrer Innovationsplattform eine Schnittstelle zu einer kostenlosen Bilddatenbank. Alle Bilder auf diesem Dienst unterliegen einer sogenannten Common License, sodass Sie sich rechtlich keine Gedanken über Lizenzen und Rechte zu machen brauchen. Wenn Sie freundlich sind, spendieren Sie dem Urheber der Bilder eine Tasse Kaffee. Sie spenden zwischen zwei und fünf Euro. Jetzt ordnen Sie Ihre Idee einem Themengebiet zu. In Ihrer kostenlosen Software können Sie Themengebiete definieren. Klicken Sie auf »speichern« und schon ist Ihre Idee online.

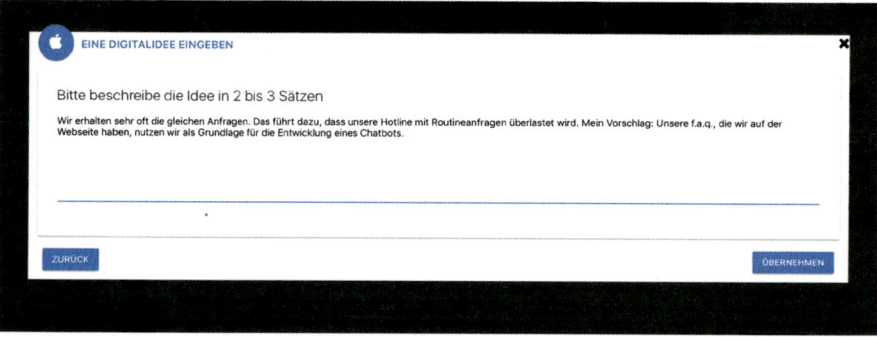

Bewerten Sie Ihre Ideen

Kriterien für die Bewertung von Ideen werden in einem Innovationsprozess Schritt für Schritt rationaler.

- Am Anfang sind es vor allem emotionale Bewertungskriterien: Wie gut ist die Idee formuliert? Wie überzeugend klingt sie? Wie gut wurde der Nutzen formuliert?
- In der Mitte eines Prozesses der Ideenentwicklung geht es um Fragen wie diese: Lässt sich die Idee umsetzen? Steht der Aufwand im Verhältnis zum Nutzen?
- Zum Ende der Ideenentwicklung geht es ganz häufig um pragmatische Fragen: Finden sich die notwendigen Ressourcen für die Umsetzung? Finden sich innerhalb des Unternehmens die richtigen Personen, die die Projektleitung übernehmen können?

Geniale Ideen kristallisieren sich erst im Laufe des Prozesses der Ideenbewertung heraus.

Diese Erstbewertung auf Ihrer kostenlosen digitalen Innovationsplattform hat drei einfache Kriterien: Nutzen, Umsetzbarkeit und Neuigkeit. Die Ideenanalyse ermöglicht es Ihnen, schnell und einfach die besten Ideen innerhalb Ihres Unternehmens zu identifizieren. Und schafft damit die Voraussetzungen für eine effiziente Ideenbewertung.

In der Ideenanalyse erhalten Sie sofort einen Überblick darüber, wie Ideen bewertet werden. Das Tool gibt Hinweise darauf, welche Ideen im Unternehmen auf das größte Interesse stoßen und zeigt Trends auf. Ideen, die häufig aufgerufen und viel kommentiert werden sowie viele Follower haben, werden im Trend oben angezeigt.

Die Ideenanalyse ermöglicht eine einfache und schnelle Priorisierung.

In der kostenpflichtigen Version können Sie später sogenannte 360-Grad-Analysen durchführen. Sie erlauben es, die Bewertung aus verschiedenen Perspektiven heraus durchzuführen: Was sagt das Marketing dazu? Wie sieht es die Technik? Wie wird die Idee von der Geschäftsleitung bewertet? Und wie reagieren Kunden? Diese werden im Analysetool zusammengeführt. So können Sie erkennen, welche Ideen die höchsten Bewertungen aus unterschiedlichen Bereichen erhielten.

Die 360-Grad-Analyse ermöglicht es Ihnen, die Ideen zu finden, die innerhalb Ihres Unternehmens die höchste Akzeptanz finden. Dies schafft Vorteile bei der späteren Umsetzung. Typische Aussagen wie »Wir haben von Anfang an gesagt, dass es hier Schwierigkeiten gibt« stehen der Umsetzung nicht im Weg.

Lassen Sie Ihre Ideen reifen

Vielleicht kennen Sie das aus Ihrer Arbeit. Sie hatten einen Workshop zu einem Digitalisierungs- oder Innovationsthema. Am Ende haben Sie viele bunte Karten mit Gedankensplittern und Inspirationen, jedoch keine ausgereiften Ideen. In Ihrer kostenlosen Software können Sie ab der Stufe »Konzeptentwicklung« Ideen durch sogenannte Leitfragen vertiefen:

- Welches konkrete Problem löst die Idee?
- Wie kann sie umgesetzt werden?
- Welche Bereiche innerhalb des Unternehmens sind davon betroffen?
- Welcher konkrete Nutzen ergibt sich?
- Wie viele Ressourcen sind für die Umsetzung erforderlich?

Erst durch die Beantwortung dieser Fragen wird eine Idee zur guten Idee und schließlich zur erfolgreich umgesetzten Idee. In der kostenpflichtigen Version können Sie später mit sogenannten anwachsenden Konzepten arbeiten:

- In jeder Stufe eines Ideenentwicklungsprozesses können weitere vertiefende Fragen hinzukommen;
- Die Konzepte können durch Bilder und Videos angereichert werden.

Zusammen mit der mehrstufigen Ideenbewertung können Sie dadurch individuelle Ideenmanagementprozesse und Innovationsprozesse gestalten.

Setzen Sie Ihre Ideen konsequent und transparent um

Der Weg von der ersten Idee zur umgesetzten digitalen Innovation ist voller Hürden. Technische Herausforderungen müssen überwunden werden, Kunden verstehen die ersten Produktentwürfe nicht oder lehnen sie sogar ab, erhoffte Einsparungen ergeben sich nicht sofort. Ihre digitale Innovationsplattform unterstützt Sie bei der wichtigsten Aufgabe: Ihre Ideen zu erfolgreichen Innovationen umzusetzen. Sie hilft Ihnen, Ihre Innovationsprojekte durch einen flexiblen, agilen Prozess zu strukturieren.

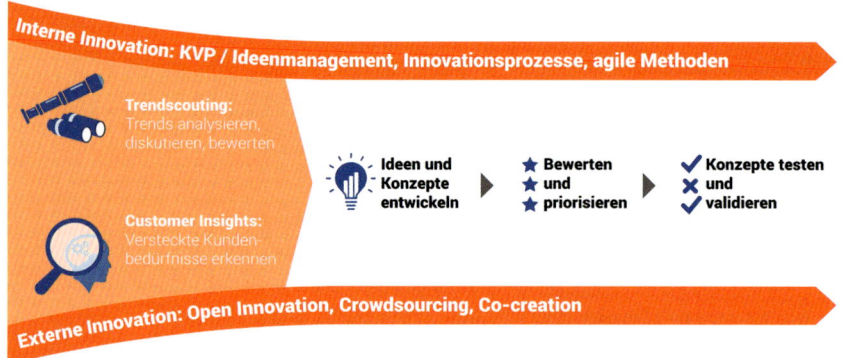

Interne Innovation: KVP / Ideenmanagement, Innovationsprozesse, agile Methoden

Trendscouting:
Trends analysieren,
diskutieren, bewerten

Customer Insights:
Versteckte Kunden-
bedürfnisse erkennen

Ideen und
Konzepte
entwickeln

Bewerten
und
priorisieren

Konzepte testen
und
validieren

Externe Innovation: Open Innovation, Crowdsourcing, Co-creation

Ideen Schritt für Schritt umsetzen.

Durch das Software-Tool erhalten Sie eine transparente Übersicht darüber, an welcher Stufe eines Prozesses welche Idee steht. Sie können Verantwortlichkeiten vergeben und eine Digital Roadmap definieren. Bereits in der kostenlosen Version erhalten Sie mit einem Klick eine Übersicht über Ihre Meilensteine.

Auch können Sie Rollen definieren. Denn Innovationsteams wachsen im Laufe eines Projektes kontinuierlich an. Zu Beginn besteht ein Team in der Regel nur aus dem Autor beziehungsweise der Autorin. Je weiter der Prozess der Ideenentwicklung voranschreitet, desto wichtiger werden Kollaboration und Teamwork. Es kommen weitere Rollen hinzu.

In Ihrer kostenlosen digitalen Innovationsplattform finden Sie mehrere Rollen. In den kostenpflichtigen Versionen können Sie diese dann frei definieren.

Entwickeln Sie eine Digital Roadmap

Im letzten Kapitel habe ich Ihnen empfohlen: Setzen Sie eine Roadmap auf, die Ihnen wehtut. Statt eines starren Projektplans mit feststehenden Aufgaben und Verantwortlichkeiten werden klare Zwischenziele definiert. Der Weg zu diesen Zwischenzielen kann sich verändern. Dieses Vorgehen ist vergleichbar mit dem agilen Projektmanagement, bei dem Ziele definiert werden. Wie diese Ziele erreicht werden, liegt in der Verantwortung von Teams. Unternehmen, die bei der Digitalisierung auf eine Roadmap statt auf starre Projektpläne setzen, sind in der Umsetzungsphase agiler, die Qualität von Innovationen steigt. Ihre Software unterstützt Sie dabei, eine solche digitale Roadmap anzulegen.

Ab der Stufe »Umsetzung« finden Sie Ihre digitale Roadmap mit den wichtigsten Schritten für die Umsetzung. Jeden dieser Schritte können Sie mit Daten versehen, Sie können einzelne Schritte löschen oder neue hinzufügen. Einige unserer Kunden geben diesen Prozess strikt vor, andere möchten ihren Teams die Freiheit lassen, die Reihenfolge der Schritte zu verändern und/oder eigene Meilensteine hinzuzufügen. Ihre Software ermöglicht dies. Mit dem Feature »Roadmap« erhalten Sie eine Übersicht darüber, an welchem Tag Ihr Unternehmen im digitalen Transformationsprozess an welcher Stelle steht.

Übrigens: Gerade im hektischen Alltag vergessen Sie schnell, dass in Kürze der nächste Meilenstein fällig wird. Das Tagesgeschäft hat wieder überhandgenommen. Die Software übernimmt das: Sie erhalten automatische Nachrichten und Erinnerungen – beispielsweise kurz vor dem Erreichen des nächsten Meilensteins. Auch

wenn sie längere Zeit nicht an ihrem Projekt gearbeitet haben, erinnert Sie das System automatisch. Diese Erinnerungsfunktionen
sind wichtige Treiber auf dem Weg der Umsetzung.

Ausblick

Die nächsten zwei bis drei Jahre werden für Sie und Ihr Unternehmen entscheidend! Sie haben die Wahl, alles beim Alten zu belassen oder das Unternehmen fit für die Zeit des noch schnelleren Wandels zu machen.

Melden Sie sich zu meinen wöchentlichen Updates an! Unter *www. digitale-gewinner.de* können Sie sich registrieren. Ich gebe Ihnen Tipps an die Hand, wie Ihr Unternehmen agiler wird, wie Sie digitale Prozesse effizienter entwickeln können und wie Sie Ihre Innovationsaktivitäten genauso effizient gestalten können wie Ihr Alltagsgeschäft.

 ## Setzen Sie auf Optimierung und Erneuerung gleichzeitig!

Ihr bestehendes Geschäftsmodell und Ihre bestehenden Produkte werden in den kommenden Jahren weiterhin Gewinne abwerfen – jedoch mit schrumpfendem Charakter. Das Neue, das Sie entwickeln, braucht Zeit, um profitabel zu werden. Diesen Spagat gilt es durch eine mehrstufige digitale Innovationsstrategie zu überwinden.

- Sie müssen das Bestehende optimieren, der kontinuierliche Verbesserungsprozess spielt weiterhin eine entscheidende Rolle.
- Zugleich müssen Sie in der Lage sein, radikale Innovation und digitale Disruption voranzutreiben.

Bauen Sie unterschiedlichste Innovationsnetzwerke in Ihrem Unternehmen auf! Begeistern Sie Mitarbeiter und Mitarbeiterinnen Ihrer Produktion und Ihrer Administration für die kontinuierliche Verbesserung, treiben Sie die Produktentwicklung mit hoher Präzision voran und richten Sie unterschiedliche Arbeitsgruppen für verschiedene Themen der disruptiven Innovation ein.

Diese parallelen Strukturen erscheinen zunächst widersprüchlich: Unterschiedliche Strukturen und unterschiedliche Grade der Innovationsfähigkeit in einem Unternehmen. Diesen Widerspruch zu überwinden und zum Eckpfeiler Ihrer Innovationsstrategie zu machen ist notwendig, um inkrementelle und radikale Innovation parallel umsetzen zu können.

Binden Sie Mitarbeiter und Mitarbeiterinnen sooft wie möglich ein!

Starten Sie unterschiedliche Innovationsprojekte gleichzeitig, in die Sie möglichst viele Mitarbeiter und Mitarbeiterinnen gleichzeitig einbinden:

- Ideenwettbewerbe zu Themen, zu denen möglichst viele Mitarbeiter und Mitarbeiterinnen Zugang finden. Sammeln Sie Ideen, um Abläufe effizienter zu gestalten oder Prozesse zu digitalisieren.
- Open Innovation Kampagnen mit Kunden. Binden Sie Ihre Kunden und Kundinnen in Ihre Innovationsstrategie mit ein.

- Etablieren Sie bereichsübergreifende Arbeitsgruppen zu wichtigen Zukunftsthemen. Das sogenannte zweite Betriebssystem, das Sie in diesem Buch kennengelernt haben.

Machen Sie Innovation und Digitalisierung zu Ihren Kernkompetenzen!

Eine Arbeitsgruppe hier, eine Start-up-Kooperation dort, ein Innovation Lab, ein Kundennetzwerk zum Thema Digitalisierung, ein Inkubator für neue Geschäftsmodelle, Verbesserungszirkel et cetera. Innovation ist in vielen Unternehmen, mit denen wir zusammenarbeiten, vor allem eines: unübersichtlich. Niemand hat einen Überblick darüber, welche Ideen sich in welcher Arbeitsgruppe gerade an welchem Status befinden. Die Bewertungskriterien für neue Ideen sind manchmal transparent, manchmal nicht. Und es erfordert einen enormen Aufwand, alle Innovationsanforderungen voranzutreiben.

Die Folge: hohe Reibungsverluste, Innovation wird nicht effizient vorangetrieben.

Ihre Herausforderung: Innovationsaktivitäten so effizient zu organisieren wie das Tagesgeschäft.

Innovation, selbst radikaler und disruptiver Natur, darf keine Ausnahme sein – es muss zum Alltagsgeschäft werden. Manche Ihrer Projekte werden sich eher an Design Thinking anlehnen, andere haben einen kurzen pragmatischen Speed-Prozess, wiederum andere folgen dem klassischen Innovationprozess.

Kontrollieren Sie Ihre Innovationsfähigkeit kontinuierlich!

Wie viele neue Ideen haben Sie zu Ihren strategisch wichtigen Digitalisierungsfeldern in der Pipeline? Wie schreiten Ihre Projekte zur digitalen Transformation voran? Engagieren sich Mitglieder von Arbeitsgruppen ausreichend? All diese Fragen bewegen Sie und sind für Ihr Unternehmen wichtig. Machen Sie Innovationscontrolling zu einer zentralen Aufgabe!

Wenn Sie heute nicht genügend Ideen für strategisch wichtige Projekte haben, haben Sie morgen keine ausgereiften Konzepte und Prototypen. Und das bedeutet: Sie haben in den nächsten Jahren keine ausgereiften neuen Geschäftsmodelle. Machen Sie keine Kompromisse!

So sollte Ihre Digital Roadmap jetzt aussehen

Ich habe Ihnen in diesem Buch einen Ratschlag gegeben: Setzen Sie eine Digital Roadmap auf, die wehtut. Das Tool, das Sie mit diesem Buch erhalten, unterstützt Sie dabei. Wie sieht Ihre digitale Innovationsstrategie aktuell aus? Haben Sie genügend Ideen und Projekte, mit denen Sie Ihren Markt im neuen Jahrzehnt gestalten und verändern werden? Zum Schluss einige Anregungen, wie Ihre Digitalisierungsstrategie jetzt aussehen sollte.

Die Grundlage Ihrer Digital Roadmap: Die Digitalisierung von Prozessen und Abläufen

Die Digitalisierung interner Abläufe und Prozesse bringt schnelle Ergebnisse: Messbare Einsparungen und Kostenvorteile. Zugleich binden Sie Mitarbeiter und Mitarbeiterinnen aus allen Bereichen Ihres Unternehmens in die Digitalisierung mit ein. Entsprechend ist die Digitalisierung von Prozessen und Abläufen die Grundlage Ihrer Digital Roadmap. Formulieren Sie klare Ziele, die Sie in den verschiedenen Abteilungen erreichen wollen.

Beispiel

1. Verwaltung: Digitalisierungsprojekte zur Effizienzsteigerung mit dem Ziel, innerhalb eines Jahres mindestens 10 Prozent Administrationskosten einzusparen.

2. Produktion: Vernetzung Ihrer Produktion mit Lieferanten, Kunden und Logistikunternehmen.

3. HR: Etablierung beziehungsweise Ausbau eines digitalen Administrationsprozesses zur Auswahl und Bewertung eingehender Bewerbungen.

Die Digitalisierung von Prozessen sorgt dafür, dass Ihr Unternehmen in den Märkten von morgen durch hocheffiziente Abläufe weiterhin führend ist.

Die Digital Roadmap als Treiber Ihrer Produktstrategie: Machen Sie Produkte smart!

In den vergangen Jahren haben wir eindrucksvoll erlebt, wie scheinbar einfache Produkte wie eine Zahnbürste zu smarten Produkten wurden. Modernste Sensoren und Digitaltechnologien machten zum Beispiel aus der Zahnbürste ein Tool, das heute Ihr Zahnputzverhalten überwacht und Ihnen Hinweise gibt, ob Sie richtig geputzt haben. Hinter smarten Produkten steckt eine Fokussierung auf den wahren Kundennutzen: Niemand möchte eine Zahnbürste besitzen, aber alle Kunden wollen saubere Zähne.

Smarte Produkte sind die Brücke zwischen Ihrer klassischen Innovationsstrategie und Ihrer Digital Roadmap. Beantworten Sie Fragen wie diese:

- Was ist der wahre Kundennutzen Ihrer Produkte?
- Welches versteckte Kundenbedürfnis steht dahinter?
- Wie können modernste Technologien dafür sorgen, diese Bedürfnisse besser zu erfüllen?

Wie viele Projekte für smarte Produkte haben Sie aktuell auf Ihrer Digital Roadmap? An welchen Stufen befinden sich diese Projekte? Sind es bislang vor allem Diskussionen über die technische Machbarkeit? Haben Sie bereits konkrete Ideen und Konzepte entwickelt? Sind es Prototypen? Oder haben Sie bereits Markteinführungsstrategien entwickelt?

Eine Faustregel: Für ein erfolgreiches smartes Produkt benötigen Sie mindestens zwanzig Ideen, davon zehn im Stadium der Ideenentwicklung, fünf in der Konzeptphase, drei im Prototyping und zwei im Markttest.

Mithilfe Ihrer digitalen Innovationsplattform gewinnen Sie einen Überblick darüber, welche Projekte in welchem Stadium sind.

Ihre Digital Roadmap im Marketing und im Vertrieb

Inbound Marketing, Vertriebsautomatisierung und individuelle Kundenansprache sind die beherrschenden Trends im Onlinemarketing und im Vertrieb. Sie haben es in diesem Buch erfahren. Haben Sie sie auf Ihrer Digital Roadmap berücksichtigt? Auf Ihrer digitalen Innovationsagenda sollten Projekte wie diese stehen:

- Entwicklung einer Strategie zur Gewinnung qualitativ hochwertiger Kundendaten. Sie sollte zwei wesentliche Fragen beantworten: Wie wollen wir Kunden künftig ansprechen? Und welche Art von Kundendaten benötigen wir dazu?
- Erarbeitung kreativer Content-Konzepte für Ihre Webseite. Überzeugen Sie Kunden, dass es wertvoll ist, mit Ihrem Unternehmen in Kontakt zu treten und Angaben über ihre Interessen zu machen.

In den kommenden Jahren werden Sie die Ansprache Ihrer Kunden immer weiter individualisieren. Die sogenannte Customer Journey – also das individuelle Erlebnis eines Kunden – wird immer wichtiger. Schaffen Sie mit Ihrer Digital Roadmap dazu bereits jetzt eine Grundlage, indem Sie systematisch und strukturiert eine Datenbasis potenzieller Kunden schaffen. In diesem Buch habe ich Ihnen die wichtigsten Grundlagen einer Datenstrategie vorgestellt.

Entwicklung digitaler Geschäftsmodelle und digitaler Serviceangebote für Kunden

- Digitale Serviceangebote sind Kundenportale, Apps, geführte Assistenten, eine Videoakademie für die Anwendung Ihrer Produkte oder der Aufbau einer Kunden-Community. Auch eine digitale Open Innovation Plattform ist ein solches Serviceangebot: Sie geben Kunden die Möglichkeit, direkt an der Entwicklung von Produkten und Services mitzuwirken.
- Mit digitalen Geschäftsmodellen gehen Sie einen Schritt weiter: Sie schaffen eine eigenständige Form der Wertschöpfung, für die Kunden bereit sind, zu zahlen.

Der Übergang zwischen digitalen Serviceangeboten und digitalen Geschäftsmodellen ist fließend.

Nehmen wir an, Sie sind ein Hersteller von Geschirrspülern. Ein digitales Serviceangebot ist beispielsweise eine App, mit der Sie Ihren Kunden eine interaktive Anleitung zur Behebung von Störungen, Videoschulungen und eine Verbrauchsanzeige anbieten. Sie können Ihre App um ein digitales Geschäftsmodell erweitern, mit dem Sie beispielsweise einen Marktplatz für freie Servicetechniker anbieten, die bei Störungen gegen eine Vermittlungsgebühr über die App gebucht werden können.

Sorgen Sie dafür, dass es wehtut!

Auf die Gefahr hin, mich zu wiederholen. Die nächsten Jahre dürfen für Sie und Ihr Unternehmen alles werden – nur nicht bequem. Digitalisierung und Innovation müssen am Bestehenden rütteln.

Mehr noch: Sie müssen das Bestehende einreißen und durch etwas Neues ersetzen. Das Zeitalter langsamer Veränderungen ist endgültig vorbei. Digitalisierung ist kein Prozess, der den alten Regeln des Change Management folgt: Unfreeze – Change – Refreeze. Sinngemäß: Erst die bestehenden Strukturen auflösen, dann ändern und schließlich wieder festigen. Change bleibt die Konstante.

Damit Sie immer wieder daran erinnert werden, wie wichtig Digitalisierung und Innovation sind, wird dieses Buch wöchentlich aktualisiert. Wenn Sie Ihre digitale Innovationsplattform anlegen oder sich auf der Webseite *digitale-gewinner.de* registrieren, erhalten Sie Updates zu den neuesten Digitalisierungstrends. Und Sie erhalten wertvolle Anregungen, wie Sie digitale Innovation für sich und Ihr Unternehmen umsetzen können.

Sie können mir auf LinkedIn folgen oder eine Kontaktanfrage zusenden. Ich würde mich freuen, wenn wir in Verbindung bleiben und ich mehr über Ihre Erfolge auf dem Weg zum digitalen Gewinner erfahre.

Anhang

Der Autor

Internet-Unternehmer, Innovationsexperte, Vortragsredner

Der *Harvard Business manager* beschreibt Dr. Jens-Uwe Meyer anerkennend als den »Top-Management-Berater für disruptive Innovation und Innovationskultur«. Er ist Autor von zwölf Büchern und gehört zur exklusiven Riege der Meinungsmacher beim *manager magazin*. Mit seinem Unternehmen Innolytics entwickelt er zudem Software für Innovation, Kollaboration und Zukunftsmarktforschung.

Ein bemerkenswerter Lebenslauf

So ungewöhnlich wie seine Denkweise ist auch sein Lebenslauf. Er war Polizeikommissar in Hamburg, wo er unter anderem auf der Hamburger Davidwache und bei der Rauschgiftfahndung im Einsatz war. Später wechselte er zum Fernsehen: Er war ProSieben-Studioleiter in Jerusalem und Washington. Als Chefreporter berichtete er live aus mehr als fünfundzwanzig Ländern. Managementerfahrung sammelte er als Chefredakteur der Jugendwelle MDR JUMP und als Programmdirektor beim privaten Radiosender Antenne Thüringen.

Wissenschaftliche Expertise

Dr. Jens-Uwe Meyer promovierte an der Leipzig Graduate School of Management über die Innovationsfähigkeit von Unternehmen. In seiner Arbeit untersuchte er die Rahmenbedingungen, die Unternehmen für die Umsetzung erfolgreicher Innovationen benötigen.

Kontakt zum Autor: www.jens-uwe-meyer.de
Mail: kontakt@jens-uwe-meyer.de

In diesem Buch zitierte Quellen

Einleitung

Studie Innolytics/ISPO Munich: https://www.innolytics.de/studie-digitalisierung, abgerufen am 23. April 2019.

Studie der HWZ – Hochschule für Wirtschaft Zürich (2018): Nur wenige KMU sind digitale Master. https://www.handelszeitung.ch/digital-switzerland/hwz-studie-nur-wenige-kmu-sind-digitale-master, abgerufen am 4. April 2019.

Herbert Fromme (2017): Versichert von Amazon. http://www.sueddeutsche.de/wirtschaft/digitalisierung-versichertvon-amazon-1.3747260, abgerufen am 4. April 2019.

Studie der Stadt Mayen (2019): Digitalisierung und lokaler innerstädtischer Einzelhandel in Mayen. https://www.focus.de/regional/rheinland-pfalz/stadt-mayen-studie-digitalisierung-und-lokaler-innerstaedtischer-einzelhandel-in-mayen-ausgewertet_id_7577468.html, abgerufen am 4. April 2019.

Birgit van Eimeren, Ekkehardt Oehmichen und Christian Schröter (1997): ARD-Online-Studie 1997: Onlinenutzung in Deutschland. http://www.ard-zdf-onlinestudie.de/files/1997/Online97.pdf, abgerufen am 4. April 2019.

Jens Schröder (2018): TV-Bilanz 2017: Unter-50-Jährige schauen immer weniger, RTL, ProSieben und Sat.1 verlieren massiv. https://meedia.de/2018/01/03/tv-bilanz-2017-unter-50-jaehrige-schauen-immer-weniger-rtl-prosieben-und-sat-1-verlieren-massiv, abgerufen am 4. April 2019.

Jens Schröder (2018): Die 10-Jahres-Bilanz des Fernsehens: Große Sender verlieren Marktanteile an Kleine – nur das ZDF nicht. https://meedia.de/2018/07/24/die-10-jahres-bilanz-des-fernsehens-grosse-sender-verlieren-marktanteile-an-kleine-nur-das-zdf-nicht, abgerufen am 4. April 2019.

Britta Schlömer (2017): Inbound! Das Handbuch für modernes Marketing. Rheinwerk Computing, Bonn.

manager magazin (2019): BIP-Anstieg im vierten Quartal. Rezession fällt aus – Deutsche Wirtschaft wächst noch. http://www.manager-magazin.de/politik/weltwirtschaft/wirtschaftswachstum-in-deutschland-2018-betrug-1-5-porzent-a-1248105-2.html, abgerufen am 4. April 2019.

Peter Altmeier (2019): Schlaglichter der Wirtschaftspolitik. Ausgabe Januar 2019. https://www.bmwi.de/Redaktion/DE/Schlaglichter-der-Wirtschaftspolitik/2019/01/onlinemagazin-schlaglichter-01-19.html, abgerufen am 4. April 2019.

Studie Digitalisierungsindex Mittelstand 2018: https://www.digitalisierungsindex.de/studie-2018, abgerufen am 23. April 2019.

Sven Humann (2018): PwC-Studie: Deutschland ist unattraktivster Standort für Digital-Investitionen. https://www.presseportal.de/pm/8664/4138751, abgerufen am 4. April 2019.

Projekt Nextrembrandt: https://www.nextrembrandt.com, abgerufen am 4. April 2019.

Waymo nervt Anwohner: https://www.cnbc.com/2018/08/28/locals-reportedly-frustrated-with-alphabets-waymo-self-driving-cars.html, abgerufen am 17. April 2019

Wissenswertes zu 5G. http://www.informationszentrum-mobilfunk.de/technik/funktionsweise/5g, abgerufen am 4. April 2019.

Kapitel 1

Lufthansa Group (2018): Lufthansa begins biometric boarding at LAX, paving the way for nationwide usage at airports. https://www.lufthansagroup.com/en/press/media-relations-north-america/news-and-releases/2018/q1/lufthansa-begins-biometric-boarding-at-lax-paving-the-way-for-nationwide-usage-at-airports.html, abgerufen am 4. April 2019.

Kapitel 2

Geert-Jan Gorter (2017): Blockchain in der Logistik: Aufbruch ins »Internet der sicheren Transaktionen«. https://www.bvl.de/blog/blockchain-in-der-logistik-aufbruch-ins-internet-der-sicheren-transaktionen, abgerufen am 4. April 2019.

Maersk (2018): Pressemitteilung: Maersk and IBM Introduce TradeLens Blockchain Shipping Solution. https://www.maersk.com/en/news/2018/06/29/maersk-and-ibm-introduce-tradelens-blockchain-shipping-solution, abgerufen am 4. April 2019.

TNM Staff (2017): Andhra Pradesh govt becomes first state in India to adopt blockchain tech for governance. https://www.thenewsminute.com/article/ap-govt-becomes-first-state-india-adopt-blockchain-tech-governance-69727, abgerufen am 4. April 2019.

Sharanya Haridas (2018): This Indian City Is Embracing BlockChain Technology -- Here's Why. https://www.forbes.com/sites/outofasia/2018/03/05/this-indian-city-is-embracing-blockchain-technology-heres-why/#6cffbbc88f56, abgerufen am 4. April 2019.

Fintech Valley VIZAG: http://www.fintechvalleyvizag.com, abgerufen am 4. April 2019.

Matthew Sullivan (2019): Why blockchain will drive the real-estate revolution. https://blocktelegraph.io/why-blockchain-will-drive-the-real-estate-revolution, abgerufen am 4. April 2019.

Tim Thaler (2018): ICO: MEHR ALS $1,6 MILLIARDEN BETRUG. https://de.fintelegram.com/ico-mehr-als-1-milliarde-betrug, abgerufen am 4. April 2019.

Aufdeckung eines Betrugsfalls bei Reddit. https://www.reddit.com/r/CryptoCurrency/comments/94hoqb/acchain_office_photo_exit_scam/, abgerufen am 23. April 2019.

Michel Penke (2018): ICO-Betrug? Chef von 40-Millionen-Firma verschwindet und twittert Urlaubsbilder. https://www.businessinsider.de/ico-betrug-chef-von-40-millionen-firma-verschwindet-und-twittert-urlaubsbilder-2018-4, abgerufen am 4. April 2019.

Kai Schiller (2019): Security Token Offering (STO) wird ICO ersetzen. https://blockchainwelt.de/security-token-offering-sto-wird-ico-ersetzen, abgerufen am 4. April 2019.

13 IoT Statistics Defining the Future of Internet of Things. https://www.newgenapps.com/blog/iot-statistics-internet-of-things-future-research-data, abgerufen am 23. April 2019.

Jens-Uwe Meyer, Henryk Mioskowski (2016): Genial ist kein Zufall. Die Toolbox der erfolgreichsten Ideenentwickler. 2. Auflage, BusinessVillage, Göttingen.

Kapitel 3

Byron Ma (2015): Why LinkedIn is the Best Place to Publish. 360+ Million Professionals In Search of Content. https://blog.linkedin.com/2015/06/11/why-linkedin-is-the-best-place-to-publish, abgerufen am 4. April 2019.

Wikipedia: Medium (website). Stand: Februar 2019. https://en.wikipedia.org/wiki/Medium_(website), abgerufen am 4. April 2019.

statista: Statistiken zum Thema Adblocking. https://de.statista.com/themen/3068/adblocking, abgerufen am 4. April 2019.

Katharina Brecht (2017): Jeder vierte Deutsche nutzt 2018 einen Adblocker. https://www.horizont.net/medien/nachrichten/E-Marketer-Prognose-Jeder-vierte-Deutsche-nutzt-2018-einen-Adblocker-158641, abgerufen am 4. April 2019.

Adidas Speedfactory. https://www.adidas.de/speedfactory, abgerufen am 4. April 2019.

Marc Bain: ADIDAS. A German company built a »Speedfactory« to produce sneakers in the most efficient way. https://classic.qz.com/perfect-company-2/1145012/a-german-company-built-a-speedfactory-to-produce-sneakers-in-the-most-efficient-way, abgerufen am 4. April 2019.

Hannah Kleiber (2018): Kaum zu glauben: Diese 20 Produkte kommen aus dem 3D-Drucker. https://www.lead-digital.de/kaum-zu-glauben-diese-20-produkte-kommen-aus-dem-3d-drucker/#icon, abgerufen am 4. April 2019.

Michael Petch (2019): 40 3D printing experts give predictions for additive manufacturing in 2019. https://3dprintingindustry.com/news/40-3d-printing-experts-give-predictions-for-additive-manufacturing-in-2019-146448, abgerufen am 4. April 2019.

Kapitel 4

Antonio Garcia Martinez (2016): Chaos Monkeys. Obscene Fortune and Random Failure in Silicon Valley. Harper, New York.

Informationen zum Effectuation-Ansatz: https://www.effectuation.org, abgerufen am 4. April 2019.

Kapitel 5

Bitkom-Umfrage (2011): Informationsflut überfordert viele Deutsche. https://www.handelsblatt.com/technik/it-internet/bitkom-umfrage-informationsflut-ueberfordert-viele-deutsche/4009398.html?ticket=ST-212918-tBbyTWhegi9luAfZNQww-ap1, abgerufen am 4. April 2019.

Studie »Zukunft Gesundheit 2018«: http://presse.die-schwenninger.de/
fileadmin/presse/user_upload/Studien/SKK_181022_Studie_Zukunft-Gesund-
heit-2018_PDF_Web.pdf, abgerufen am 4. April 2019.

Martin Zielke (2016): CEO Martin Zielke zur Strategie »Commerzbank 4.0«.
https://www.youtube.com/watch?v=epyTdbunS5c, abgerufen am 4. April 2019.

Kapitel 6

Henning Engelage (2017): Wo der Roboter schon Schäden reguliert. https://
www.gdv.de/de/themen/news/wo-der-roboter-schon-schaeden-reguliert-11166,
abgerufen am 4. April 2019.

Bildverzeichnis

Seite 2/3: PhonlamaiPhoto, www.istockphoto.de

Seite 7: rawpixel, www.pixabay.com

Seite 9: Innolytics

Seite 12: ISPO Munich, https://innovation.ispo.com

Seite 15: ottonova, https://www.ottonova.de

Seite 18: Julien Bam, https://youtu.be/SHWAoZe_1yA

Seite 21: NextRembrandt, www.nextrembrandt.com

Seite 23: Vodafone Pressebild

Seite 31: Stefan Kilz, Innolytics

Seite 33: Innolytics

Seite 36: Innolytics

Seite 41: Gerd Altmann, www.pixabay.com

Seite 42: Jens-Uwe Meyer

Seite 47: Wanzl, Pressefoto

Seite 48: iq Wohnen, https://www.iq-wohnen.de

Seite 65: pixel2013, www.pixabay.com

Seite 67: jaydeep, www.pixabay.com

Seite 72: TradeLens, https://www.tradelens.com

Seite 74: Ripple, https://ripple.com

Seite 76: Ennelise Napoleoni-Bianci, www.pixabay.com

Seite 81: Flügelfrei. www.photocase.com

Seite 84: TheDigitalWay, www.pixabay.com

Seite 87: Gerd Altmann, www.pixabay.com

Seite 95: Deutsche Telekom AG, Pressefoto

Seite 97: rawpixel, www.pixabay.com

Seite 100: Thomas Meier, www.pixabay.com

Seite 101: Webseite Robin Data, https://www.robin-data.io

Seite 102: Navja, Pressefoto

Seite 113: ok-fotos, Adobe Stocks

Seite 115: Innolytics

Seite 121: Gerd Altmann, pixabay.com

Seite 122: Ghostery Screenshot, Innolytics

Seite 124: Google Screenshot, Suche »Risikolebensversicherung online«

Seite 126: Innolytics

Seite 128: riverr

Seite 133: Stefan Kilz, Innolytics

Seite 142: Universal Robots, Pressefoto

Seite 145: Adidas, https://www.adidas.de/speedfactory

Seite 150: Iconbuild Pressefoto, iconbuild.com

Seite 156: Amazon Lex, https://aws.amazon.com/de/lex/

Seite 158: Stefan Kilz, Innolytics

Seite 168: Stefan Kilz, Innolytics

Seite 177: Wikimedia, United States Navy

Seite 181: JESHOOTS-com, www.pixabay.com

Seite 190: TensorFlow, Screenshot

Seite 212: Gerd Altmann, www.pixabay.com

Seite 220: Florian Schreiner, Innolytics

Seite 224: Innolytics

Seite 237: Free-Photos, www.pixabay.com

Seite 239: Stefan Kilz, Innolytics

Seite 240: Innolytics

Seite 242: Innolytics; drubig-photo, www.fotolia.de 77983237; Gerd Altmann.
www.pixabay.com; alphaspirit, www.istockphoto.com/de

Seite 245: Innolytics; metamorworks, www.istockphoto.com/de

Seite 246: Innolytics

Seite 247: Innolytics

Seite 250: Stefan Kilz, Innolytics

Seite 253: Hans, www.pixabay.com

Seite 263: Gerd Altmann, www.pixabay.com

Digitale Disruption

Jens-Uwe Meyer
Digitale Disruption
Die nächste Stufe der Innovation

284 Seiten; 2. Auflage 2017; 24,95 Euro
ISBN 978-3-86980-345-6; Art-Nr.: 1001

Sie denken, die Digitalisierung der Wirtschaft ist vorbei? Nein, sie hat gerade erst begonnen. Und sie wird alles, was Sie kennen, radikal auf den Kopf stellen. Sie wird Ihren Beruf, Ihr Leben radikal verändern. So, wie Sie es kaum für möglich halten.

Fitness-Apps, 3D-Drucker und der Onlinechat mit dem Arzt – das war nur der erste Schritt: digitale Transformation. Das, was uns in der nächsten Stufe erwartet, ist digitale Disruption. Sie wird ganze Branchen von Grund auf erneuern. Sie wird menschliche Kompetenzen durch Algorithmen ersetzen, sie wird das eigentliche Produkt zur Nebensache machen. Eine Entwicklung, die nicht mehr aufzuhalten ist.

Das alles kommt Ihnen wie Zukunftsmusik vor? Dann sollten Sie dieses Buch gelesen haben. Jens-Uwe Meyer illustriert, wie die nächste Stufe der Innovation gerade Realität wird.

Muss Ihnen das Angst machen? Nein. Denn die digitale Zukunft wird nicht nur im Silicon Valley gemacht. Sie und Ihr Unternehmen sind ein Teil davon. Wenn Sie die Mechanismen der digitalen Disruption verstehen und sich auf die Logik der digitalen Zukunft einlassen, werden Sie diese Zukunft mitgestalten.

Dr. Jens-Uwe Meyer ist Internet-Unternehmer, Top-Managementberater und Keynote Speaker. Mit zehn Büchern gilt er als Deutschlands führender Innovationsexperte.

Genial ist kein Zufall

Jens-Uwe Meyer, Henryk Mioskowski
Genial ist kein Zufall
Die Toolbox der erfolgreichsten Ideenentwickler
248 Seiten; 2. Auflage 2016; 21,80 Euro
ISBN 978-3-86980-193-3; Art-Nr.: 898

Woher haben großartige Erfinder, Designer und Entwickler ihre Ideen? Wie entwickeln innovative Unternehmen neue Produkte, Geschäftsmodelle und Dienstleistungen? In diesem Buch erfahren Sie es: Erfolgreiche Ideenentwicklung hat System!

Erstmals öffnen die Ideeologen®, Deutschlands kreativste Innovationsexperten, ihre Toolbox zur Entwicklung genialer Ideen. Sie lernen systematisch aufeinander aufbauende Techniken kennen, die Sie Schritt für Schritt zu neuen Ideen bringen.

Sie erhalten eine einzigartige Sammlung von Methoden für den gesamten Kreativprozess: Von der Identifizierung neuer Chancenfelder über die Entwicklung von Fragestellungen und die Vertiefung bestehender Ideenansätze bis zur Generierung, Optimierung und Bewertung von Ideen.

Jeder in diesem Buch beschriebene Schritt der systematischen Ideenentwicklung wurde in Hunderten von Projekten erfolgreich erprobt und weiterentwickelt. Dieses Buch wird Sie in die Lage versetzen, geniale Ideen zu generieren und erfolgreich umzusetzen.

Die Innovationsfähigkeit von Unternehmen

Jens-Uwe Meyer
Die Innovationsfähigkeit von Unternehmen
Messen, analysieren und steigern

408 Seiten; 2. Auflage 2017; 39,80 Euro
ISBN 978-3-86980-308-1; Art-Nr.: 973

In Zeiten steigender Marktdynamik müssen sich Unternehmen neu erfinden! Um Wachstum und Wettbewerbsvorteile zu erzielen, wird die ständige Entwicklung von Innovationen zur Kernkompetenz. Zugleich müssen Unternehmen verschiedene Innovationsprojekte, die in Art, Geschwindigkeit und Innovationsgrad stark voneinander abweichen, parallel vorantreiben. Dabei stoßen klassische prozessfokussierte Ansätze des Innovationsmanagements an ihre Grenzen.

Dynamische Marktstrukturen erfordern kreative und proaktiv agierende Unternehmen, die in der Lage sind, zukünftige Chancen frühzeitig zu erkennen, neue Produkte und Services mit einem hohen Innovationsgrad zu entwickeln und ihre Geschäftsmodelle anzupassen. Gleichzeitig müssen diese Unternehmen ihr bestehendes Geschäft durch inkrementelle Innovationen und die Entwicklung effizienterer Prozesse vorantreiben. Gerade etablierten Unternehmen fällt es schwer, beiden Herausforderungen gleichermaßen zu begegnen.

Dr. Jens-Uwe Meyer stellt in diesem Buch das Ergebnis von sechs Jahren wissenschaftlicher Forschung vor: Ein Management Tool für Unternehmen, die die Zukunft ihrer Märkte gestalten wollen und deren Schlüsselkompetenz die eigene Innovationsfähigkeit ist. Ein wegweisendes Buch, das auf 300 internationalen wissenschaftlichen Studien beruht. Es ist gleichermaßen für Studierende und Lehrkräfte aus dem Bereich Innovation sowie für Manager und Führungskräfte geschrieben, die ein tieferes Verständnis von Innovation gewinnen möchten.